我在南美
找虫子

朱卓青 ■著

黑龙江科学技术出版社
HEILONGJIANG SCIENCE AND TECHNOLOGY PRESS

图书在版编目（CIP）数据

我在南美找虫子 / 朱卓青著 . -- 哈尔滨：黑龙江科学技术出版社, 2025.3. -- ISBN 978-7-5719-2733-2
Ⅰ. Q958.577；Q948.577
中国国家版本馆 CIP 数据核字第 20254ZK359 号

我在南美找虫子
WO ZAI NANMEI ZHAO CHONGZI

作　　者	朱卓青
责任编辑	张云艳
封面设计	佟　玉
出　　版	黑龙江科学技术出版社
地　　址	哈尔滨市南岗区公安街 70-2 号
邮　　编	150007
电　　话	（0451）53642106
传　　真	（0451）53642143
网　　址	www.lkcbs.cn
发　　行	全国新华书店
印　　刷	运河（唐山）印务有限公司
开　　本	889mm×1194mm　1/16
印　　张	15
字　　数	240 千字
版　　次	2025 年 3 月第 1 版
印　　次	2025 年 3 月第 1 次印刷
书　　号	ISBN 978-7-5719-2733-2
定　　价	98.00 元

【版权所有，请勿翻印、转载】

目录

Day1
我和小亮老师一起出发啦 p003

Day2
重回南美的第一个清晨 p025

Day3
蝴蝶园内的邂逅 p051

Day4
离开 Mindo 花园，继续出发 p055

Day5
遇见哥伦比亚叶螳 p089

Day6
森林正在变得越来越干燥 p109

Day7
惊现成年彩虹蜪 p121

Day8
星空之蛾与光明之蝶 p127

Day9
迎来第一场雨 p145

Day10
与小亮老师分别 p155

Day11
Puyo，安第斯山脉悬崖边上的小城 p167

Day12
哭泣的可可园，干涸的溪流 p179

Day13
雨季要来了 p189

Day14
这河，我想下去很久了 p195

Day15
食物短缺，决定离开小木屋 p203

Day16
夜晚被困山中 p211

Day17
重回 Mindo 花园 p221

缘起

寂静的黑暗中，我再一次从漫长而奇妙的梦境中惊醒，那是我热爱的地方，是无论去了多少次依旧想再去一次的地方。熟悉的梦境里，是深邃而令人着迷的满眼的深绿浅绿，是能够浸润发丝的黏腻而不失温润的氤氲，是数不清的空灵又特别的虫鸣交织在一起的动人旋律……是心心念念，是深深向往。一阵强烈的失落感伴随着亮起的灯光油然而生，冲淡了我沉溺在梦境里的那份留恋。

这几年我总是做着相似的梦：在那条熟悉的厄瓜多尔 23 号国道上，我驾驶着一辆不那么新的手动挡车，车前架着运动相机，车内欢快的音乐仿佛在歌唱着我内心的欣喜。浩瀚的星空，笼罩着深邃的亚马孙雨林，而我正在这片雨林里徒步、穿梭，每一个神奇的植物、每一个新奇的物种，都让我热血沸腾。

然而，梦中的情节有时也会变得不那么和谐。在现实中，我是一个健忘的人，这一点似乎已经深深地刻在我的潜意识里。在梦中，我常常发现自己在登上飞机后才意识到忘记带护照，或者在到达目的地后才发现相机留在了几万公里之外的家中。一而再，再而三，我时常能在梦境中自我感慨：好吧，又在做梦了。于是，我的意识开始控制梦中剧情的发展。

我的妻子经常说："你这样挺好啊，不用亲自去南美洲，每天做梦就行了。"然而，梦终究只是梦，在不同程度上混合了我对南美洲丛林的记忆和期待，一点点地在我的梦中展示给我。

自从 2019 年我最后一次从亚马孙丛林探险归来，已经过去了整整四年。在这四年里，我每年都信誓旦旦地嘟囔着要再去南美洲，渐渐地，这已经成了我口中的"碎碎念"。

南美洲丛林对我具有极大的意义，我甚至无法用言语来形容它的重要性。似乎我的人生中的许多喜怒哀乐都源自这个让我心神荡漾的地方。它仿佛是命运巨轮中的一个齿轮，推动着我人生轨迹的重大变化。

2016 年，我曾经花了 7 天时间在哥斯达黎加的丛林中寻找我最喜欢的螳螂。那是一段美妙的旅程，也是我人生的转折点，就好比奔流不息的河流遇到了改变走向的山脉，就好比迷途的少年找到了人生中的光芒一般——原来这就是我想要的生活。

我为那段旅程撰写了将近一万字的文章发表在我的个人公众号上，没想到吸引了许多读者，其中一位便是《人与自然》的编辑。她让我看到了，我的探险故事会有更大的价值。

从此，就像推倒了多米诺骨牌中的一块最关键木块一般，发生了连锁反应——我埋头扎进了大自然的怀抱。我辞去了设计师的工作，回到国内创办了一家以昆虫展览、自然教育为主的公司。连我自己都没想到，健忘又邋遢的 Jason，却能一次一次地在丛林中，把树丛的脉络、复杂的生态多样性，理得清清楚楚。

多年来，很多人问我的原始驱动力是什么。我的回答一直都是：因为热爱。也许正是因为对大自然的热爱，让我在人生中找到了前进的动力与方向，让我能够拥有足够的力量去应对各种挑战，也更让我明白了，我想要成为什么样的人。

Day1

我和小亮老师一起出发啦

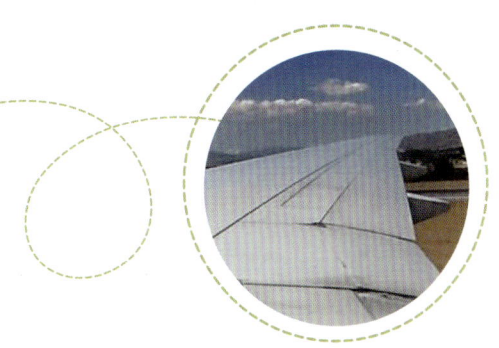

我从来不是一个喜欢坐飞机的人，尽管在我上学的时候，每年多次的国内外航线往返如同家常便饭一样，但是我依然不喜欢。

但这次在临近出发前的一周，兴奋与激动早已写在了我的脸上。我恨不得拉着路人唠几句：你知道吗，我下周要去南美了！

在我第三十二次和健身搭档说起时，他甩了我一句：行了，我都以为你南美旅行回来了。

中国到厄瓜多尔的直线距离大约在两万公里，这样的距离对于民航客机来说是超出航行里程限制的。所以，大部分的航班都需要在欧洲或者北美进行一次转机。作为距离中国最远的一个大陆，那边的人、事、物、景对于大多数中国人来说，都是充满吸引力的。

出发的前一天晚上，我如同风风火火守着超市开门的大爷大妈，早早地来到了上海浦东机场。第二天早晨的航班，我总觉得如果第二天走，定会出一些岔子，因为有过前车之鉴。

那是 2019 年的北美之行，我是第二天早晨 7 点半的航班，从宁波飞往上海，然后 11 点半从上海前往旧金山。当我早晨 6 点赶到宁波机场的时候，却发现航班已经被改至第二天。幸好查到了一趟最早前往上海浦东机场的航班，在 9 点之前赶到了上海。

这次当我提前一晚来到了上海浦东机场航站楼时，我悬着的心才放下来。我对接下来的 20 天旅行充满着期待，同时也对接下来的 40 小时航程忧心忡忡。

我在浦东国际机场的航站楼睡了一晚上，说是睡，实际上只是靠在椅子上以一种很纠结的方式坐着，就连刷手机也并不能让漫长的等待稍微好受一点，好歹扛到了第二天的早晨，值机口刚刚打开我便第一个办理了登机手续，继续换一个环境让自己保持兴奋。

飞行 14 小时后初见小亮老师

早上 10 点，终于熬到登机的我反而平静了下来。我登上了飞机，坐在靠窗的位置。我喜欢靠窗的位置，因为我的头可以枕着窗户的那一面，将身体倚着窗户，这样可以舒服一些。

窗外的风景开始倒退。飞机终于升起，我闭上眼睛开始了自我催眠——南美，我们马上就要见面了。

在第一段航班上颠簸了 14 小时之后，我抵达了荷兰阿姆斯特丹机场。我要在这个机场转机，同时将要和另一位从北京出发的大咖碰面。

我与摄影师小全下了飞机之后便开始寻找转机大厅，我四处张望，同时不断地看着手机微信以获悉与《博物》杂志的项目总监辰麟联系碰头地点。

这次出行一共有四人：我算是这次南美之行的发起人与领队，在南美丛林的地点安排都由我来做；小全，是这次主要负责拍摄南美洲探险路上花絮的摄影师；辰麟，是《博物》杂志的项目总监；最后一位，算是我的偶像了——目前国内自然科普的领军人物，张辰亮老师。

"我们在麦当劳这边坐着。"我收到了辰麟发来的信息后，环顾四周，找到了麦当劳。

"快，小全，拿起相机给我记录一下。"我仿佛一个追星的粉丝。

↑ 我像个追星粉丝一样，跟小亮老师自拍合影

我走进麦当劳，一眼就看到了他们，"小亮老师！幸会幸会！"我迫不及待地与张辰亮握了握手。

在短视频自媒体时代，大多数人的手机里都下载了短视频软件，而小亮老师无疑是当今短视频时代中的翘楚。他知识渊博、言语诙谐幽默，吸引了两千多万粉丝。

初次见面，小亮老师的话并不多，甚至让人感觉有点腼腆。不过我并不在意，因为我明白，他也是一个对自然无限热爱的人，一个执着的人，我非常期待接下来和他一起在丛林中并肩探险的故事。

在荷兰机场熬了 16 小时之后，已经昏昏沉沉的我们终于准备登上本次行程的第二段的航班。第二段航线的预计时间大概 13 小时，想必这又会是一段漫长的煎熬。

与小亮老师一起开启第二段航程

当我不知道第几次因为腰部的酸痛而醒来时，我艰难地打开飞机窗户的遮光板。外面是一片蓝天，下面已是一片深绿。我看了看飞机上的地图，显示已经飞到了委内瑞拉上空。这便是亚马孙北部的委内瑞拉高原雨林了。

委内瑞拉是一个高原国家，它的大部分领土都属于委内瑞拉高原。这也是安第斯山脉的东北端。委内瑞拉高原的南部是亚马孙丛林的北部起点，这一片丛林也是世界上最神秘的区域之一。

南美洲的丛林，并不是只有亚马孙丛林，这个道理就像亚洲的丛林并不是只有大兴安岭森林一样容易理解。

南美洲的西部有一条世界上最长的山脉——安第斯山脉，它是南美最著名的天堑。从太空望去，这一道山脉似乎把整个中南美洲分成了两半。在安第斯山脉的西侧直到太平洋，这是一片连接着中美洲的热带丛林，这里气候湿润，常年受到海风带来的暖湿气流影响，是动植物的天堂。而在安第斯山脉附近的东西两侧，是几乎一年见不到几天太阳的高海拔云雾雨林，这里每年的降雨量高达 3000 毫米。在安第斯山脉的东侧直到太平洋，便是大名鼎鼎的亚马孙丛林。

亚马孙丛林的南部，是玻利维亚和巴西高原，连接着安第斯山脉的中部区域，一直到西大西洋海岸。这里也是亚马孙丛林的南部起点。

于是，我们发现，在南美洲似乎有一个巨大的盆地，而亚马孙丛林就是这个盆地的中心地带。北、西、南三个方向的高原如同守护神一样，保护着这一片富饶的土地。

在我们讨论南美丛林的时候，我通常会根据地理结合生物分布的情况，把它们区分成不同的片区。

大多数动物的物种扩散能力都取决于它们的运动能力，与人类不同，物种很容易受到大山与大洋的阻隔。比如，喜马拉雅山脉因为海拔足够高，高到能够影响左右两侧地区的气候，同时也阻隔了物种的正常扩散，毕竟大多数动物是没有能力勇攀高峰的。所以，我们可以看到，大山脉往往不单是气候的分水岭，同时也是物种分布的分水岭。这在我国南部的横断山脉附近尤其明显。

南美洲的物种分布也大抵如此，平均海拔超过4000米的安第斯山脉几乎完全阻隔了山脉东西两侧之间的物种基因交流。两栖类、爬行类，还有各种各样的节肢动物由于没有办法穿越寒冷的高原而各自被限制在了当下分布的区域。所以，我们能够轻易地找到一类动物分隔在两地的不同种类。

根据南美洲的山脉分布，我们可以给南美洲的动物类群进行一个大致的归类，这样的归类虽然比较笼统，毕竟生物的分类因素更加复杂，但是却能给我们一个在有限的时间内做探险规划比较高效的参考。

南美洲的丛林主要分为以下这些：

安第斯山脉西侧的平原雨林

这一片雨林一直延伸到北美的墨西哥中央山脉处，中间虽然大山众多，但是各地之间都有平原连接，物种之间的基因交流也更加频繁。尽管北部的墨西哥因为气候原因分化出了不同的物种，但是整体上，这一大区域的物种之间，总算是属于一家亲的状态。

安第斯山脉西侧的云雾林

这是一片主要分布于秘鲁东北部、厄瓜多尔西部及哥伦比亚高海拔地区的云雾森林。由于地质运动造成的山脉褶皱和较为特殊的气候环境，使得这些藏于大山中的物种拥有着独有的习性与外观。

安第斯山脉上的丛林

这一片丛林就比较特殊了。安第斯山脉位于哥伦比亚的北部起点，海拔并不是特别高，许多地区的海拔只有2000米左右。在热带地区，2000米左右都是雨林环境，所以安第斯山脉还是留了几个"小口子"让物种能够进行基因交流。在高原上的这些丛林中，可以发现一些安第斯山脉东西之间的"过渡"物种。

安第斯山脉东部的云雾林

和西侧的云雾林情况相同,因为气候海拔的变化,再加上随处可见的山脉造成了地理隔离。这一片区域也蕴含了大量罕见而独特的高山美丽生物。

亚马孙平原

整个亚马孙平原地势平坦,没有比较大的山脉,气候变化也不大,所以亚马孙平原从它的起始点到下游之间,物种并没有太大的变化。

北部的委内瑞拉与圭亚那高原

这一片高原距离安第斯山脉比较远,也因得天独厚的气候,产生了大量特殊且有趣的生物。

南美洲是距离中国最远的一个洲,要抵达这里要忍受二十几小时的空中飞行,这也导致了解南美洲的中国人相对较少。所以,这次的出行对我来说也是一个非常大的挑战。我希望通过我在南美洲丛林的探险故事,带大家更深入地揭开南美神秘的面纱。

历经 40 小时,终于抵达厄瓜多尔首都机场

飞机已经开始下降,我看向窗外,那是熟悉的场景,在梦里,在眼前。仿佛上一次离开就在昨天。基多,是全世界海拔第二高的首都(第一是玻利维亚的实际首都拉巴斯),平均海拔有 2800 多米。我望着周围已经逐渐高过飞机飞行高度的山峰,思绪早已回到了那些小木屋里、悬崖边上、灌木丛中、瀑布之下……

↑ 飞过高原的蓝天与白云,我们降落在厄瓜多尔首都机场

飞机的着陆，象征着梦想的落地，从这一刻开始，便不是梦想，而是现实。站在海拔2000多米的飞机场上，层峦的山峰、峡谷仿佛向我诉说着波澜壮阔的安第斯高原形成的历史。

飞机平稳后，我迫不及待地从座位上站了起来，我想要马上踩在南美洲的土地上。当跳下飞机的那一刻，所有因乘坐飞机而带来的疲劳感就好像已经过去的风景一样——难忘，却总算过去了。

入关时的海关工作人员是一位帅气的小哥哥。

"第一次来厄瓜多尔吗？"他收走了我的护照，那是我今年才换的新护照。

"不是，这已经是我第四次来了！"我怀疑我是吼出来的。

他被我吓了一跳，随后查看电脑上我的信息后面跳出来的前几次出入境记录。

"哦？是来这里旅游吗？"他盯着电脑屏幕问。

"是的，我非常喜欢这个国家，我将要去热带雨林里探险。"

"好的，那祝你旅途愉快。"小哥哥依旧非常官方地说。

走出机场，我大口地呼吸着厄瓜多尔的新鲜空气。基多平均海拔在2800米左右。

"好像也没有什么高原反应。"小全说。

↑当我上了区间巴士后，便开始兴奋不已

"当然了，如果你现在跑跑跳跳的话，可能就会有了。"我笑着和他说。

随后，我们来到机场与酒店之间的区间巴士上。现在我们的首要任务，就是租一辆车。

租车可以让我们的南美之行更加自由，不会出现需要根据班车的时间而调整出行的情况。

在前往租车的区间巴士上，我的心早已飞到了亚马孙丛林的深处，我现在恨不得长出翅膀，直接飞跃安第斯山脉，飞到我思念了4年的原始丛林。

租车的公司在一座酒店内，前台服务人员是一个戴眼镜、留着一个时髦发型的精干小伙子。在等待汽车来时，得知我是一个热带雨林爱好者之后，小伙子给我推荐了许多关于热带雨林的景点，并且很热情地向我介绍厄瓜多尔的一切。尽管他说的大部分内容我都已了如指掌，但是我还是很耐心地听完他的介绍，并表现得很感兴趣。

↑来到租车公司租车，前台服务人员是个帅气的小伙子

驾车向我心心念念的丛林驶去

↑行驶出机场后便是极大坡度的道路，虽然道路还算比较宽，但是由于大家的车速都很快，所以，还是让人没有安全感

汽车行驶出机场，基多的机场坐落在安第斯高原上的瓜亚班巴河流（Rio de Guayllabamba）边上，南边连着马钱加拉河（基多市的母亲河 Machangara），北部经过皮钦查火山流入安第斯西侧的热带雨林中。河谷两边是海拔落差超过300米的悬崖。开着汽车行驶在坡度如此大的道路上，我这个驾龄十多年的老司机都觉得有点心慌。

安第斯高原几乎没有平坦的平地，有的只是高高低低的各种山路。上一分钟还在爬升几百米，下一分钟可能就要开始俯冲了。

如此神奇的地质奇观，我也就在青藏高原附近才见到过。

↑我们的右前方是一座山口，可以明显地感受到云层就从远处的峡口处，从山下向高原上飘来。那里就是我们要前往的方向

"你看到那片山了吗？翻过那一片山就是雨林了！"我像是一个向导一样向队友们介绍着这里的地貌。当我回头看他们时，才发现小亮老师和辰麟都已经睡着了。也是，连续颠簸了那么久，在飞机上怎么可能睡得好呢！

小全却是个例外，他拿着手机正在记录着前方的景色。

在穿过厄瓜多尔赤道纪念碑后，我们沿着E28公路继续向西前行。道路的两侧是光秃秃的山，看上去和川藏线上的高原戈壁有一点类似。道路的右侧是普卢拉瓦火山（Pululahua），因为与我们很近，所以看上去有非常强的压迫感。山上没有树，不知道是因为砍了，还是因为曾经的火山灰覆盖，本身就是如此。山脚下除了一些低矮破旧的民宅外，都是高山草甸与农场。

汽车转过一个大弯，在海拔接近3000米的安第斯高原农场上，我发现了一只大羊驼（*Lama alpacos*）。因为它长得和我们常见的羊驼实在是太像了，我便忍不住下车，想和

它来个亲密互动。

大羊驼和小羊驼（Vicugna vicugna）不同，不过它们都属于羊驼亚科，并且都分布在安第斯山脉上。大小羊驼属最直观的区别其实就是体重。羊驼也被称为骆马，由"Lama"这个词语的音译而来。

大小羊驼都被人们驯化饲养了几百年。它们的毛发非常密，就像是一件大衣一样披在身上。厚厚的毛发可以帮助它们在寒冷的安第斯高原抵御严寒。它们和骆驼都属于骆驼科动物，从化石的挖掘发现来看，现在的骆驼曾经也来自美洲，后来北美的远古大羊驼灭绝了，一部分骆驼的祖先顺着大陆架来到了亚洲，另外一部分骆驼留在了美洲的热带高原地区，成为如今我们看到的羊驼。

云雾林一般指海拔比较高，常年处于云层处的热带雨林。云雾林的降雨量并不一定非常大，但是湿度却是极大的。由于常年处于云层处，云雾林的湿度值一直在100%，所以就算不下雨，我们也可以看到所有的植物都是湿漉漉的。

云雾林的海拔基本都在1000米以上，并且一般都在比较大的山脉脚下。大的山脉往往也是对流天气比较多发的地段，由于山顶的温度较低，暖湿气流会沿着山坡吹向山顶，在靠近山顶温度下降的地方又形成对流云。这就是为何云雾林的湿度能够常年保持在饱和状态的原因。

一般只有在上午时分，山谷和

↑因为海拔特别高，所以气温是比较低的，尤其是夜晚。这种云雾林虽然长期处在云雾里，但是降雨量其实并不高，很多水都是以雾的形态存在。再加上风相对会比山下要大一些，所以这里的植被的叶子都不是很大。当海拔下降到2000米左右时，便是另一番景象了

山顶的气温都比较低还没有形成足够对流时，才能见到太阳。

此时已经是傍晚，太阳害羞地躲到了云层的后面。在赤道地区，由于地球自转与公转的角度，昼夜的时间基本都是 12 小时。而在每年的 9 月与 3 月，赤道处于垂直于太阳的照射角度，我们会发现太阳在天上运行的速度非常快。当然，此时与太阳下山速度同样快的，还有我那急切想深入热带雨林的心。

汽车在山谷里飞驰，除了注意前方路况之外，我的目光经常扫在道路两侧的植被上。这时散落在路边的一棵巨大的积水凤梨引起了我的注意，我把车停靠在路边，兴奋地冲了下去，抱起积水凤梨兴奋地喊着小全："快给我拍张照，这个积水凤梨太帅了！"

车上的其他人已经熟睡，我如同打了鸡血一样，根本没有一点困意。我开着车，一旦看到让我感兴趣的植物或者风景便会停下来拍照，忙得不亦乐乎。

↑ 小全完全不能理解我为什么会对着路边的一棵植物有着如此大的热情

Mindo 保护区对我来说并不陌生，5 年前的 2018 年，我在计划着第二次的南美探险之行时，在网上了解到了大名鼎鼎的 Mindo 山谷。在那一次的探险之旅中，我仅仅在山谷里停留了两个晚上便匆匆离去。尽管当时在这里待的时间非常短暂，但是记忆中那片神秘的丛林和那一段惊心动魄的经历依旧如同幻灯片一样浮现在我眼前，我甚至可以清楚地记得当时走过的每一条岔路，记得每一棵覆盖着厚厚苔藓的树木。

重回我梦寐以求的家——Mindo 花园

当我驾车翻过通向 Los Bancos 小镇的最后一道山谷时，道路边上那条接近 180 度的岔口仿佛跟 5 年前一样在热情地对我说："欢迎回来，我亲爱的朋友。"

Mindo 山谷是安第斯山脉西侧的一处宝藏地，地处山谷之中，位于皮钦查火山的西面，是安第斯云雾林与乔科（Choco）两大生物多样性宝地的交界处。当地能观测到 400 多种鸟类与数不清的节肢动物，并且距离首都基多并不远，所以非常适合作为南美丛林探险的第一落脚点。

傍晚的山谷，道路已经被因温度降低而升高的浓厚湿气所包围。汽车的轮胎发出有规律的"咔咔"声。伴随着不断下降的海拔，我透过黑暗的茂密树丛中闪烁的光亮，看到下方闪耀着璀璨光亮的路灯。

↑进入 Mindo 山谷的路，在厄瓜多尔算是非常繁华的地方了，沿途都有明亮的路灯

"哇，Mindo 小镇看起来还是那么繁华。"我喃喃自语着，心中涌动着无尽的期待。

车辆驶入 Mindo 小镇，老旧而坚实的楼房沿街而立，仿佛在守护着这座南美安第斯山脉西侧最繁华的观鸟圣地。Mindo 人民的生活与 5 年前似乎并无二样，街道上稀稀拉拉的人群，偶尔有几个小商贩充满激情地叫卖着看不出是什么的香喷喷烧烤。

车辆穿越 Mindo 小镇只花了不到 5 分钟的时间，便驶向山谷的深处。我透过沉寂的夜色，脑海中浮现出 5 年前的画面，仿佛上次来这里就是昨天一样。道路右侧，Mindo 河的湍急河水从安第斯高原奔腾而下，壮丽地奔流向太平洋。我们沿着早已从平滑的沥青路变成粗糙土路的丛林小径行驶，即使路上坑坑洼洼，我也未曾减速，内心充满了对探险的渴望。

在道路的尽头，Mindo 花园的小牌子矗立在黑暗中，昏黄的灯光伴随着盘旋的飞蛾照亮了牌子的轮廓。

"终于到了，真不容易啊！"我激动地跳下车，全身洋溢着无比的喜悦，好似孩子回到了游乐场。

"回家了！回家了！这里就是我的家。"

我甚至来不及熄火，径直冲进了 Mindo 花园。Rodrigo（简称 Rod），这个花园的负责人，已经在远处喊道："Jason，是你吗？"一声清亮的男中音传来。

"是啊，是我。"我们之前在聊天软件中有过几次对话，所以很自然地认出了对方。一个干练的中年男性，留着一条细细的胡子，他的皮肤白嫩，并不像大多数的当地人皮肤黝黑。

↑ 此时的我，不像是一个游客，更像是我带着一群客人回到了我的家里一般

↑ Rod 帮我们办理了入住手续

Rod 叫来了几位看着很腼腆的助手，他们快速地将我们的行李搬入了木屋。从前台到我们的住宿地点，需要穿过一片蜿蜒曲折的半人工丛林，我之所以把这一片丛林称为"半人工丛林"，是因为很显然这里曾经因建造 Mindo 花园而被开垦过，不过，由于地处溪流边上，加上长达十余年的保护，这里早就被原始的植物所覆盖，成为一片十分标准的次生林。丛林小道在路灯的衬托下，伴随着肆意生长的叶片绽放出迷人的色彩，撒发着芬芳的气息。

在拖着行李走向木屋的路上，我的目光一刻都没有从小径两侧的植物上离开。回忆一波波涌上心头，仿佛时间倒流回 4 年前。4 年前的我并没有住宿在 Mindo 花园，而是住在对面山头的一间客栈。在离开 Mindo 的头一天晚上，我和另外一位好友在 Mindo 山谷里探索了整整一晚上。在凌晨四点十分我走进了 Mindo 花园。也许当时正处于淡季，整个 Mindo 花园显得无比安静。然而虫鸣与蛙类的鸣叫又让这里显得热闹无比。

"4年前我们来过这里,就是前面那一片林子,当时我大概已经徒步了七八个小时,快要累趴下了。正当我正打算离开时,发现就在那片叶子上,有一只叶螳!"我指着路边的植物,激动地向小亮老师喊道,回忆中的情景让我激情澎湃。"那看来这儿是你的福地了。"小亮老师乐呵呵地对我说道。

是啊,这里算是我的福地了。

↑在前往我们住宿木屋的小道上,已经能发现许多昆虫

"小亮老师快来看,这个叫青牛螽斯!"我兴奋地喊道。

在Mindo花园小道的芭蕉叶上,有一只雌性的青牛螽斯(*Copiphora gracilis*)若虫。

↑青牛螽斯

青牛螽斯其实是角螽属(*Copiphora*)的一种通俗称法,这个属的所有螽斯都有一个特点——头顶有一个犄角,看上去挺酷的。角螽属的螽斯属于大型螽斯,在美洲雨林属于比较常见的昆虫。它们是杂食性昆虫,平常多以水果为食,不过偶尔也会捕食一些小昆虫。我曾经在哥斯

达黎加的热带雨林中遇到过另外一种青牛螽斯，那里的青牛螽斯体型要比这里的大上很多。我清楚地记得第一次发现它们的时候，可把我兴奋了好一阵。

顾不上安顿行李，直接进入丛林探险

安顿行李对我来说并不是什么重要的事情，直接进入丛林才是我们最想要做的。我胡乱地把我的行李箱堆在木屋内，拿出寻找昆虫所需要的头灯，带上相机便整装待发了。

在进入丛林之前，我们把吸引昆虫的灯诱帐篷架了起来。夜出的昆虫在行动的过程中，大多依靠着月亮与星空微弱的光线进行方位的判定。自古以来，它们都靠着这样的方式行动着，直到人类出现。非平行光线的人造灯光让昆虫们的方向判定出现了一定的偏差。对于昆虫们来说，近距离的人造灯光要比天空中的月光与星光更加明亮，它们便自然地把人造光源作为夜空中飞行的参照光。而在飞行的过程中，由于人造灯光源相对于昆虫的角度不断发生变化，昆虫在连续不断地调整与光源之间的夹角，最后会靠近光源。灯诱也正是利用了昆虫的这一特性，通过大功率的灯光把昆虫吸引过来。另外，白色的灯诱帐篷则为它们提供了落脚点，方便我们进行昆虫观察。而第二天，昆虫们会自行离去，回到它们栖息的丛林之中。

Mindo 是一个四面环山的山谷，是一个自然保护区。我们所处的 Mindo 花园坐落在河流的北岸，南北东三侧都是高耸入云的山峰，近乎垂直。面对热带雨林，从谷底向上看去会使人感到非常有压迫感。这种地形也导致更多的昆虫能够看到我们立在山谷中的灯诱。

↑灯诱帐篷一定要支在视野比较开阔的地方，这样才能保证足够多的昆虫能够看到我们帐篷上架起来的灯光，从而飞过来。不过，因为电线长度的限制，有时候我们也需要根据现场的实际情况来决定帐篷所摆放的位置

↑ 在我们把灯诱布搭建完毕，点开高压汞灯之后，很快就有一些飞蛾扑了上来

我们花了大概 10 分钟支起了灯诱帐篷，用了长达 30 米的电线链接电源。我们将灯诱帐篷立在 Mindo 花园门口的停车场中。

停车场就在山脚，透过昏暗的光线，可以看到在我们停放着的车辆左侧，有一个木质小门。绕过小门后，有一条只有一人宽的狭窄游步道。根据我的记忆，这条游步道通向山脚另一侧的一个小池塘，小道的中间有一些岔路口，这些岔口可以通向山上那片被原始森林覆盖的区域。很显然，这条小道平时并不会有人来修剪边上的植物，以至于大多数的区域已经被植被深深地覆盖住了。抬头望去，上方被大树茂密的树冠覆盖，可以看出，即使是白天，这里也一定十分阴凉。

↑ 此时已经接近晚上九点，单纯靠着头灯与手电的灯光没有办法看清楚周围的植被环境。不过凭着记忆中的路线，我还是轻松地找到了通向山里的道路

我在南美找虫子

已经 5 年没有来了，丛林中的植被自然是比当年高了许多，曾经低矮的灌木现在已经比我还要高了。虫鸣如同交响乐一般环绕在我们身边，偶尔伴随着几声清脆的蛙鸣。我们沉醉其中。

第一次和小亮老师探险丛林，我自然是又紧张又兴奋。从安第斯山脉开车下来的时候，小亮老师一言不发，只是闭目养神。刚出发的时候他的身体还有点不适，应该是太疲惫了。当我们刚到 Mindo 花园时，看到在路灯上的一只巨大齿蛉时，他马上变得精神抖擞起来。我可以看出他眼中迸发出来的对大自然的热爱。

"哎！玻璃蛙！"走进丛林没有多久，我一声激动的喊叫划破了只有自然白噪音的森林。

↑遇到一只非常瘦小的玻璃蛙

我们发现了一只非常瘦小的艾丝美拉达玻璃蛙（*Espadarana prosoblepon*），以至于小亮老师都诧异地说："嚯，这么瘦！"

虽然瘦小，但是作为很有南美特色的本土物种，能够发现它也算是非常幸运的事情了。看来今天一定会有不小的收获。

"快看，这里有一只珊瑚鬼王螽斯！"很快，我又在一片芭蕉叶下发现了一只大家伙。

小亮老师凑过来一看，果然，一只浑身满是刺的"大蚂蚱"，身上披着漆黑的"铠甲"，那些刺呈现出锋利的绿色。它的翅膀上的纹路和树上的苔藓非常相似，夸张的外形倒也不愧于它"鬼王"之名。

珊瑚鬼王螽斯（*Panacanthus varius*），是一种分布在安第斯山脉西侧的大型螽斯。它的全身上下都长满了让人望而生畏的"刺"，这些刺不但可以作为抵御天敌的致命武器，还可以作为捕食猎物的冷血兵器。虽然大多数的

↑珊瑚鬼王螽斯

Day1 我和小亮老师一起出发啦

蝽斯六条腿上都有利刺，但是鬼王蝽斯属把刺武装到了牙齿。它的前胸和背板上，也长了几根刺。另外，它们还有强有力的口器，可以轻易地撕碎猎物的外骨骼。

告别了鬼王蝽斯，我们继续顺着泥泞的小路向丛林深处走去。南美雨林中的一切都是那么特别，无论是蜗牛还是竹节虫，都显得与众不同。

当地的一种象甲（*Cactophagus amoenus*），它的身上有着鲜艳的斑纹，背上橙色的花纹和黑色的体色之间形成了一个X形。它是在拟态另外一种昆虫——猎蝽。因为猎蝽是一种有毒的昆虫，象甲通过拟态这种有毒的猎食性昆虫来给敌人一种假象：我是有毒的，我不好惹哦。

↑象甲

盲蛛（*Ventrivomer ancyrophorus*），虽然盲蛛属于蜘蛛的一类，但是它们既不吐蜘蛛丝也没有毒液。作为全世界广泛分布的一种节肢动物，它们的种类超过了6000种。虽然名字带有盲字，但是盲蛛是有眼睛的。只不过，与其他蜘蛛相比，盲蛛的视力已经退化，大多数只有一对眼睛。

↑盲蛛

天空开始飘起了小雨，在高海拔的山里，下雨是常事。雨点虽然不大，但是考虑到我们舟车劳苦，并且后续还有十几天的探险时光，我们决定还是回木屋休息。

走出丛林之后，远远地已经能感觉到灯诱的帐篷上来了许多"客人"。当我们靠近一看，发现大多数来客都是飞蛾。

厄瓜多尔罗斯柴尔德蛾（*Rothschildia lebecuatoriana*），这个名字很拗口，由于目前该物种还没有正式的中文名，我只好根据它的拉丁学名的表意翻译了一下。它属于天蚕蛾科，是分布在安第斯山脉西侧热带雨林中的一种美丽蛾子。它与我们国内的乌桕大蚕蛾有点类似，不过体型要稍微小一点。

我们回到木屋，奔波了三天的小亮老师表示需要入睡了。不过，此时的我却一点睡意也没有。我在床上躺了一会儿之后发现实在是睡不着，便又来到了木屋的外面。

Mindo花园坐落在山谷中，虽然称为花园，但其内部并不是传统意义上的花园。

↑灯诱帐篷上,飞蛾、齿蛉已经"早早就位",也伴随着许多其他昆虫。可能是由于当时是旱季,昆虫的数量并没有我想象的那么多

花园内也是大片的丛林,高大的树木衬托得几座木屋更像是镶嵌在丛林中的孤岛。这里是动植物们的天堂。

两侧的植物郁郁葱葱,长势喜人。上方的大树遮挡了阳光,而足够明亮的散射光又能穿过树冠层照射到林下的灌木丛中

有时,不需要出门,因为门内已经是大自然。

↑厄瓜多尔罗斯柴尔德蛾

我沿着花园内的石板路行走着,周围的植物无比茂密,最多的就是黄脉爵床(*Sanchezia oblonga*)植物,几乎遍布整个花园的角落。各类天南星科的植物也都占据着属于自己的空间。我希望我的眼睛能具有扫描仪一样的功能,如此一来,每当我看向一片丛林,我就可以轻而易举地分辨出动物和环境之间的区别,进而找到它们。尽管我的朋友都认为我的眼睛已经是一台精密的扫描仪了,每当我把那些拟态得很好的昆虫从杂乱无章的乱叶丛中揪出来时,他们都会赞叹一番。不过我知道,对于一些真正的拟态高手来说,这还远远不够。

我走过一个转角,发现在一片黄脉爵床叶片上,趴着一个奇异的几何形状。奇妙的轴对称让我意识到这似乎并不简单,不应该是一片刚好落在上面的其他叶子。我凑近一看,果然,锥子形状的下面露出了几只细细的步足,它是一只菱颈叶螳(*Choeradodis rhombicollis*)!

Day1 我和小亮老师一起出发啦 | 021

↑这是白天拍摄的 Mindo 花园内的景色，两侧的植物郁郁葱葱，长势喜人。上方的大树遮挡了阳光，而足够明亮的散射光又能穿过树冠层照射到林下的灌木丛中

↑在黄脉爵床叶片上，一只雌性次末龄的菱颈叶螳若虫静静地趴着

  菱颈叶螳是分布在美洲的一种拟态叶子的螳螂。与其他种类螳螂不同的是，这种螳螂喜欢站在叶子的正面而不是像其他种类的螳螂喜欢以倒挂的方式挂在叶子的背面。

  我快速跑回木屋，找了一个塑料瓶子，小心翼翼地把它赶到了容器中，并且放了一片叶子进去。我打算等小亮老师醒来之后给他看看，因为那是我最喜欢的螳螂。我拿着叶螳回到了木屋，小亮老师已经熟睡。找到叶螳之后的我，似乎吊着的一口气也松弛了下来。于是我躺倒在床上，眼皮马上就不听使唤了。我看了看时间，已经凌晨四点三十五分了，随后我便昏沉沉地睡去。

  人的身体就是这样的神奇，当你面对第二天的上班上学时，你一定会沉睡不醒，似乎怎么睡都睡不够一般。但是当你面对的是第二天的出游旅行时，你一定会提早就从睡梦中醒来。

↑ 这些巨大的花烛叶子，几乎把我都遮了起来

Day2

重回南美的第一个清晨

在南美丛林的第一晚我并没有睡多久，事实上我只睡了两小时就醒了，我不知道是因为太兴奋还是因为太疲倦。我抬头一看，小亮老师并不在屋子里。我来到窗前，看到他正在河边的亭子里拿着手机发语音。

"看来狐主任工作繁忙啊！"我心里念叨。狐主任是广大网友给他取的一个很亲切的称呼，原因是很多人发现他与动物"藏狐"在气质上有几分相像之处。这次出行之前，小亮老师刚从西藏的墨脱归来，有一部重磅的纪录片需要他把关。所以，自从我看到他之后，他一直在忙着处理工作上的事情。

我拿着昨晚见到的那只菱颈叶螳来到楼下，对小亮老师说："小亮老师快看，我昨晚找到了一只叶螳！"

"哦？你昨晚回来没睡呀？"小亮老师惊讶地接过了我手上的叶螳。

我们把叶螳放在木屋边上的灌木丛中，拿起手机和相机对着它一顿猛拍。而我一边拍着视频一边嘴里还不停地念叨着："这个叶螳真的是太美丽了！"

↑叶螳是一种非常适合作为模特的昆虫

我们的早餐是在河边吃的,奔腾的河水如同美妙的琴弦,"哗啦啦"的水流声在头一天晚上成为我入睡的最好伴奏。早餐很简单,木瓜汁、松饼、荷包蛋与香蕉。谈不上美味但也还算清爽。

吃完早餐,Rod 来到餐厅,对我们说:"怎么样?你们的早餐吃的还行吧?"

我笑着回答:"还行!还行!"

在这种问候的情况下,你也很难提"请多给我一块培根"之类的要求。

"如果你们想要在餐后去山里走走,我建议你们出门右转。这是手环,戴上它护林员就不会为难你们。"说完 Rod 给了我们每人一个黄色的纸手环。

我的室内"雨林"

清晨的阳光散落在山谷中,驱散了凌晨的寒冷。热带高海拔区域的温差超乎常人想象。白天的山谷,由于两侧的山上的温差导致的下行气流,使上午的山谷有着明显的炎热感。不过,这时候只需要站在阴影处,就能感觉到明显的凉爽,似乎昨晚的凉意还不愿离去。每天高达 20 摄氏度的温差形成了云雾林山谷独有的气候,在巨大的海拔落差以及如此特殊的气候环境下,自然也进化出了大量特殊的生物生活在此。

我们一行四人向着山林走去,同一片丛林,白天和晚上感觉完全不同。在光线不足的情况下,很容易会因周围的黑暗而产生压迫感,让我们感觉一直处于丛林之下,但是在白天一看,原来周围非常的空旷。

↑上午时分,站在太阳底下酷暑难耐,而到了树荫处则凉爽非凡,可谓丛林中的"冰火两重天"

要说身处热带雨林最让人感到美妙之处，那便是由各种热带植物所组成的丛林世界了。

"我爱热植"，这是网络上的一个标签，已经被引用千万次。自 2019 年开始，全世界各地刮起了一阵室内植物风：龟背竹、海芋、香蕉树、天堂鸟、花烛、蔓绿绒等一系列植物，就如同植物界中的名牌包一样，身价一路飙升。这些植物都有一个共同之处，就是不需要强烈的光照，只需要在室内的明亮光线下，就可以存活得很好。这意味着，你的小阳台可以被你打造成一小片热带雨林。

于是，各种热带植物，或是出现在随意摆放着意大利文字书籍的复古书架上，或是出现在铺着亚麻布的高级灰色沙发边上，或是出现在一套价格不菲的黑胶唱片后面，以这种充满高级感的姿态出现在各个社交媒体平台上。一瞬间，它们代表了生活的品位，代表了人与自然的和谐相处。它们宽大的、深绿色的、偶尔衬着一些花纹的叶片，成了人们追求的一部分。

我很幸运，凭借着多年在丛林中探险积累下来的一些常识，打造了一个在当时比较前卫的雨林缸和一个温室。此后，逐渐在某些小小的圈子里，成了别人口中所谓的"大神"。对于这样的吹捧，短期内确实满足了我极大的虚荣心。

↑ 在疫情的三年里，因为没有办法出远门，我在家里的地下室打造了一个室内热带雨林，这一小片"雨林"也成为我对南美思念的寄托

我曾经问过自己，我到底是喜欢大家都知道我植物养得好的感觉，还是喜欢这些植物本身？很快，时间给出了答案。在 2021 年年末，热植市场的大崩盘开始了。曾经一棵能卖到上万元的植物，如今 1000 元不到的价格却无人问津；曾经炙手可热的一片叶子要 300 元的荧光蔓绿绒，如今几十元便能轻易买到；曾经热闹非凡的热带植物群，如今可以沉寂几周都无人再热切讨论……在如此的环境下，很多人退出了这个爱好圈子。但是我发现，我对这

些植物的热爱，丝毫没有减少。在驱车行驶在安第斯山脉的山路上时，每当我看到路边巨大的天南星科植物，我都会在第一时间跳下车拍照。这些天南星科植物对我而言，不只是一种观叶植物，而是我对南美丛林的美好憧憬。

我最爱的植物——天南星科

天南星科植物是一种比较神奇的类群，大多数人对它们的概念可能还停留在芋头、龟背竹与绿萝上，以至于很多其他天南星科植物最后也落到了这三个分类中。我曾经无数次试图和人解释，我养的植物叫麦克道尔蔓绿绒（*Philodendron McDowell*）而不是芋头。这也从侧面说明，天南星科植物有一个非常显著的特点——宽大且厚重的叶子。

↑天南星科植物

天南星科植物的叶片通常都比较厚，这样的结构使得叶片的强度和耐久性都得到了极大的提升。天南星科植物中有许多都是匍匐茎，它们需要穿梭在复杂的丛林环境中，帮助气生根寻求落脚点。在丛林中，需要与其他植物争夺生长空间与养分，而不易损坏的叶片也给予了天南星科植物更多的竞争力。并且，足够厚重的叶片上往往覆盖着一层茸毛或者蜡质，可以很好地储存水分，减少叶片因为光合作用而气孔打开时的蒸发量。

大多数的天南星科植物更喜欢生长在光照并不是那么强烈的丛林中，甚至在一些非常阴暗的区域也能看到它们的身影。这也说明了它们的叶片之所以如此大，是为了能够更好地吸收丛林中的光线来进行光合作用。而且，天南星科植物的叶片颜色往往都比较深，深绿色也使得它们能够更高效地吸收阳光。

作为世界上丛林植物中的重要一类，天南星科植物的出现，往往伴随着高湿度、高温度的环境。这也是为何它们即使是在人类的生存环境中作为装饰物，也能很好地展现一种雨林的氛围。

在前一晚开着汽车驶入Mindo的那一刻，我便注意到了漫山遍野的花烛（*Anthurium*）。花烛在天南星科植物中属于大型植物，有很多种类的叶子长度甚至超过了1米。

↑前一晚上发现的巨大的花烛（*Anthurium cupulispathum*）生长在艾丝美拉达河边上

我们穿过蜿蜒曲折的小径，周围是一片静谧的绿色。鱿鱼花烛与另一种并不知道名字的花烛是这一片丛林的主角。丛林中的生命在清晨的微风中苏醒，鸟儿的歌声和昆虫的嗡鸣交织成一曲美妙的交响乐。我们沐浴在大自然的怀抱中，感受着湿润的空气和花朵的芬芳，深深地沉浸其中。

寻找着丛林中的每一种花烛。它们是那样神秘而又美丽，每一片叶子都有着独特的质感与纹路。

在各色花烛的陪伴下，我感受到了大自然的奇妙和宇宙的无限。花烛是大自然的艺术品，也是对生命力量的讴歌。我感到自己与丛林融为一体，与花烛建立了一种特殊的联系。

↑ 在丛林中的一棵大树下，我发现了一株美丽的鱿鱼花烛（*Anthurium argyrostachyum*），我来到它的身前，感受这巨大叶片带给我的震撼。我曾经养过鱿鱼花烛，但是叶子只能长到30厘米长。每年夏天，它的叶子都会烂掉，因为杭州的夏天太热了

↑ 叶片上的纹路非常密集，如此密集的纹路便于叶片表面在高湿度的环境中快速排水，避免水分长久地残留而堵塞叶片的气孔

↑ 花烛喜欢附生在大树下，因为在正午时分，树冠层可以很好地遮挡直射的阳光。这些叶子可"吃不消"那么强烈的光线

↑ 花烛（*Anthurium lappoanum*），曾经因为它学名的读法，被国人戏称为"老婆花烛"，也是只分布在云雾林环境中的美丽植物

花烛本质上是一种半附生的植物，它的茎会向上生长，每一段节点都会长出一片新叶子以及若干的根系。如果茎在土壤中，根系也会随之成为土生根；如果茎暴露在空气中，根系就会以气生根的形态存在。气生根上面会布满茸毛，便于在空气中吸收水分。

气生根在空中蔓延的过程中，一旦碰到其他的支撑物，比如树干等，便会牢牢地吸附住支撑物。所以，在野外我们看到的大多数花烛都是在斜坡上垂直生长的，或是附生在大树的树干上。不过，也有一部分花烛并没有支撑物，它

Day2 重回南美的第一个清晨

↑ 我并不清楚这些花烛的名字，但是它们霸占了林下几乎每一个角落。这些心形的叶子占据了我对南美丛林的第一印象

们的茎在植株长到支撑不住整体重量的时候会自行断掉，断成的两段会成为两株独立的植物自行生长；或者弯曲，换个方向生长。直到茎生长的足够粗壮，最后因为木质化（老化的一种）而变得坚硬无比。

↑ 生长在斜坡上的各种花烛

↑ 这是一类直接附生在树干上的花烛

↑ 生长在垂直岩壁上的花烛

我被一只虻无情地叮咬

走着走着,我们发现了一个小瀑布。我迫不及待地冲了过去,不过冰冷的山泉加上表面潮湿的岩石让我放弃了攀登的想法。

"这水能喝吗?"摄影师小全问。

"不能喝,喝这里的水相当于喝寄生虫浓汤。"我笑着说。

受到各种探险视频的影响,很多人也兴起了野外探险活动。但是我一直坚信野外的水看上去再干净,也尽量不要喝。

在自然界中,寄生虫和各种细菌存在于任何一个角落,尤其是水中。看上去清澈无比的山泉水,在显微镜的放大之下也会有大量令人头皮发麻的微生物。如果看到这些蠕动着的微生物,我相信任何一个人都会放弃去品尝山泉水的想法。尽管有些地区喝山泉水的情况已经存在了上千年,但是和大自然赌感染的概率,很显然是自不量力的。

↑即使气温接近 30 摄氏度,但是泉水冰冷刺骨,光是站在水中就已经感觉双脚发胀了

↑一只飞蛾(*Quentalia sp.*)静静地站在瀑布旁的叶片上

↑小亮老师发现一只橙色的小猎蝽(*Corcia columbica*)

我看到小亮老师发现了什么，凑近一看，是一只橙色的小猎蝽（*Corcia columbica*）。它通体是鲜亮的橘黄色，搭配黑色的小斑纹，翅膀是透明的，在阳光的照射下格外好看。但是，千万不要被猎蝽的美丽所迷惑，如果被它咬一口，是一件非常危险的事情。别看猎蝽那么小，它的毒性可一点也不弱。

作为一种捕食性昆虫，猎蝽的毒素是神经性毒素与血液性毒素的混合体。血液性毒素中的蛋白酶用于溶解猎物的组织，神经性毒素用于麻痹猎物的神经系统。人类根据体质的不同，被猎蝽咬了之后会出现休克等严重反应。

瀑布并不大，但是很长，水流也并没有显得很湍急。在瀑布下方的低洼处，我看到小亮老师蹲在边上认真端详。我凑近一看，是一群在水面上滑行的昆虫，但是由于体型太小，而且速度太快，所以并没有办法看清楚到底是什么昆虫。只见小亮老师快速出手，一把就抓到好几只。等他摊开手一看，居然是水黾。

↑黾蝽（*Eurygerris sp.*），它们中后足上面布满了细小茂密的绒毛，依靠着水的张力可以在水上自由地滑行。在瀑布下边的积水处，我们发现了一些有趣的类似于国内水黾的昆虫。小亮老师抓了几只，我们凑上去仔细观察

我们继续行走在炎热的山林里，我突然感到腿上一阵疼痛传来，低头一看，居然是一只虻（*Stypommisa sp.*）正趴在我的腿上。我晃了晃腿，它依旧纹丝不动，专心致志地吸食着我的血液，这时我的腿已经满是咬痕了。我曾经被问过许多次，为什么在热带雨林里还要穿着短裤、拖鞋。我记得从我最开始探索丛林的时候，就是这样的装扮了，我并不是想要炫耀我如何不害怕昆虫的叮咬，而是由于患有特应性皮炎的我，在皮肤感到闷热的情况下会出现红肿、瘙痒。而被蚊虫叮咬本身就是一件无法避免的事情，即使穿着长衣长裤，手臂上、脖颈处也依旧会成为它们下口的地方。

↑ 这只虻由于吸血吸得太专心，直到被我发现，它依旧纹丝不动地停在我的腿上

↑ 行走在路上，抬头向头顶看去，几乎每一棵树上都被几十棵积水凤梨盘踞着

我曾经在广西的雨林被几十只蚂蟥疯狂叮咬，至今想起来还心有余悸。当时同行的几位朋友都穿着长裤，并没有发现蚂蟥，没想到它们早就顺着裤腿偷偷地钻了进去。而我因为穿着短裤，随时都能发现蚂蟥，总是在第一时间把它们驱逐。

南美丛林探险中，最让人宽心的可能就是这里并没有蚂蟥了吧。

"疼吗？"小亮老师问我。

"疼！"虻虽然看着不大，但是口器锋利无比，咬在腿上还是有一股刺痛的。

"我看你要不去换条长裤吧！"

我笑着说："比起忍受因闷热而引起皮炎，我更宁愿接受飞虫的叮咬。"

美洲的神奇植物——积水凤梨

积水凤梨之间也充满着竞争。巨大的积水凤梨占据了大部分的空间，而小一点的积水凤梨就只能生长在细小的树枝上。地面上也散落着很多的积水凤梨，它们并不是本身就生长在地上，而是一些树上的积水凤梨由于生长得太大，细小的树枝没有办法承受它们的重量，就从树上坠落下来了。不过由于积水凤梨生长的特殊性，它们掉下来之后并不会马上死去，只要在地上能接收到阳光的照射，就会继续生长。如果不巧坠落在阳光照射不到的地方，那么积水凤梨就会慢慢地死去。

积水凤梨是美洲大陆特有的一种神奇植物。从上往下看，它像是一个花里胡哨的坐莲；从侧面看，它又很像一个部落酋长的帽子。积水凤梨形态各异，颜色也大不相同。在很长一段时间内，积水凤梨成了许多人追捧的明星植物。

积水凤梨和它的"亲戚"空气凤梨一样，生长并不需要泥土，只要它中心的"碗"内有水就可以正常地生长。积水凤梨与其名字一样，有积水的功能。"碗"中的小水潭，被一些别有用心的小东西利用上了，这个小东西就是箭毒蛙。

箭毒蛙在小蝌蚪孵化后，会用背部驮着自己的后代，一只一只地送到积水凤梨的"碗"中，"碗"中的积水将成为它们的襁褓与童年时期的乐园。

有一些猎食者深谙此道，它们会来到积水凤梨附近守株待兔，等待着那些弱小的动物送上门。殊不知，螳螂捕蝉，黄雀在后，它们自己也会成为更大动物的猎物。于是，一环扣着一环，围绕着积水凤梨这样生态环境的食物链，便由此而生。

在安第斯山脉海拔超过2000米的地方，是积水凤梨们的天堂，各种各样的积水凤梨疯狂地抢夺丛林中的各类资源。

↑在高海拔地区，积水凤梨是树干上的主角，它们几乎占据了我们能看到的每一棵大树

↑当积水凤梨长到足够大之后，很容易因为太重而掉落到地上

↑一棵掉落在地上的莺歌凤梨（*Vriesea sp.*）被我捡起，幸好它掉落在阳光充足的地方，得以继续生长

"这些积水凤梨会结果实吗？"小全问我。

"不结吧，可以说那个花序就是果实。"我说道。

"对，它开花之后，那个花序又长又散，咱们吃的菠萝其实就是花序。植物把糖分、养分都聚集到花序上，这些积水凤梨的花序养分没有那么多，所以开完花就烂了。"小亮老师在边上解释道。

在很大程度上，积水凤梨代表了南美雨林的一大特点。对于很多热带雨林爱好者来说，在野外观察积水凤梨是一个非常棒的经历。可惜有些人没有办法长期接触热带雨林，于是，他们便发展出了一个非常热门的爱好——制作雨林缸。

雨林缸也称生态缸，是人们在一个相对狭小的玻璃缸空间内，制作出还原热带雨林或者野外丛林的一种造景手段。雨林缸制作中采用的植物都是鲜活的，缸体制作好之后，缸内的植物还会继续生长，并且在一定时间内会形成一个稳定的生态系统。

制作完成后的雨林缸因为有着浓厚的自然气息，被许多人放在家中的客厅或者书房内观赏。这种观赏植物的方式在很大程度上取代了单纯的室内摆放的绿色植物，并且给空间增添了别样生机。

↑ 当积水凤梨的背景是大山大河时，才会真正带给人震撼

雨林缸的出现，体现了制作者的审美。造景过程中，作者对植物的运用也体现了他对野外的理解。积水凤梨因其生长方式比较特殊，加上颜色艳丽，可以很好地点缀空间，而成为众多雨林缸造景师青睐的植物。在雨林缸造景刚刚兴起的年代，几乎每一个缸体内都被制作者放入了大量的积水凤梨。

随着时间的推移，人们渐渐倾向于选择颜色相对素雅的雨林植物进行造景，雨林缸的造景风格开始向绿色转换。主要原因是，在狭小的缸体空间内，积水凤梨会使人感觉空间过度拥挤，画面杂乱。

在南美丛林中看到积水凤梨时，它们的背景往往是远处的高山和森林；在雨林缸中，因为空间限制，积水凤梨的背景往往都靠得很近。不过，随着造景技术水平的不断提高，依然有相当一部分很有功力的造景师用积水凤梨搭配出了非常漂亮的雨林景观。这和他们长期对自然的观察与学习是分不开的。

遇到了一只巨大的蜥蜴

接近中午时分，强烈的阳光使得山谷里的温度持续升高。虽然高海拔区域温度不会高到让人感觉透不过气来，但是毒辣的紫外线照得我的皮肤生疼。我们看着时间接近中午，便准备回去。

走进 Mindo 花园，刚放下身上的相机，就见小全和辰麟跑来，说发现了一只巨大的蜥蜴。

当时我的脑海里马上闪过了冠蜥和绿鬣蜥，不过转念一想，这个海拔有点高，应该不会有绿鬣蜥，很可能是一只冠蜥。

↑蜥蜴就在我们木屋下面台子的缝隙中，我们靠近木屋，蹲下身一看，果然有一只威风凛凛的蜥蜴正站在不远处

冠蜥（*Basiliscus galeritus*），是一种非常奇特的蜥蜴。它们的后足拥有极长的爪子，与上午发现的龟蝽类似。它们能通过水的张力，再配合自己强而有力的后腿，在水上奔跑。

↑突然暴起的蜥蜴把我吓了一跳

看到这么一只长得像小恐龙的爬行动物，我们一行四人都很兴奋，希望能够靠近它观察。然而冠蜥的视力非常好，不管我们绕到哪里，它都能提前发现我们，并且迅速逃离。

"我钻进去把它抓住。"我信誓旦旦地说完，就钻入了木屋下面。

这只冠蜥安静地站在角落里，抬着头，侧着脸看我。我观察到它瞳孔的放大与缩小。要在白天抓住这样的蜥蜴非常困难，这么多年我也只有 2014 年在哥斯达黎加抓住过一次冠蜥，自那次以后，我就再也没有在白天成功地接近过任何一只冠蜥。它们的眼神和运动能力都是蜥蜴中首屈一指的。

正当我距离它还差半米的时候，它突然暴起，在把我吓一跳的同时一溜烟钻进了旁边的树丛。

"算了，这种蜥蜴白天是很难接近的，而且它们还会在水上跑。"我说道。

中午，我们决定去 Mindo 镇上吃一点当地美食。当我们开车来到镇上时，已经过了午饭时间。有几家餐厅都已经打烊了，在绕着 Mindo 中心广场转了一圈之后，我们的目光锁定了广场北边的一家烤鸡餐厅。我们点了两只烧鸡和四份米饭，坐下之后，大家一顿风卷残云。

↑在厄瓜多尔，别的可能吃不饱，但是鸡肉肯定能让你吃到饱

寻找一位五年前的老友

下午，我们开着车穿过 Mindo 河，来到了河南岸的山上。四年前，我曾经住在这座山上的一座树屋中。那段时光在我的记忆中留下了深刻的烙印。我回想起当时那个接待我的负责人，他有着和大法师一样的名字 Merlin，听上去就像是一个神秘的充满智慧的人，实际上，他是一个很随和也很有趣的人。

四年前，我在这座山上度过了一段令人难以忘怀的岁月。那时，我两天通宵寻找叶螳，我的热情和专注感染了 Merlin。他对于大自然的热爱和探索精神与我完全一致，我们一起分享了无数的故事和发现。虽然我们的相识只有短暂的几天，但那段时光对我来说却意义非凡。

四年过去了，我不确定 Merlin 是否还在树屋旅馆中，他可能已经离开去了其他地方。但是，那段美好的回忆和对他的怀念，让我决定去碰碰运气。

我驱车上坡，道路依旧艰难，坑洼的土地仿佛经历了数次暴雨的洗礼。我小心翼翼地驾驶着车辆，克服着一次次挑战，终于来到了挂着"Eden Tree House"标志的酒店前。停车场空无一人，门可罗雀，我喊了一声，希望能够引起里面人的注意。

↑ 空无一人的树屋旅馆

↑ 寻找五年前的好友 Merlin

果然，一位年迈的妇人走了出来，好奇地打量着我。她眉头微皱，似乎对看到一个来自亚洲的游客感到十分意外。我试图用英语向她问好并表达我的目的："您好，我在寻找一个朋友，他叫 Merlin。"

老妇人微微一笑，但我可以看出她并不懂我的话。她盯着我，用西班牙语向我表示无法理解。这时，我取出手机，打开翻译软件，将我想说的话转化为西班牙语，并附上了我和 Merlin 的照片。我将手机递给了她，希望能够通过翻译软件的帮助解释清楚。

老妇人接过手机，仔细地看了照片。她的眼睛突然一亮，仿佛想起了什么重要的事情。她用慈祥的眼神看着我，用西班牙语告诉我 Merlin 已经不在这里了，他去了 Quito（基多）。

听到她的回答，我感到有些失落。虽然我与 Merlin 的交情并不深厚，但是每当我想起那段美好的时光，我总是期待再次与他相聚。然而，现在他已经不在这里了。我失望地走出树屋旅馆。

我想起五年前的那个下午，当时同样是通宵探险，加上数小时驾驶，我一身狼狈地踏入树屋旅馆。Merlin 就坐在餐厅中，他看到我就走了过来，打过招呼后，我们对彼此流利的英语而感到惊讶，当他听说我是专门为了寻找昆虫而来到这里时更感意外。

当晚，他参与了我们夜晚探险的前几个小时的路程，一路上各种神奇的动物都让他觉得十分震撼。第三日凌晨，刚起床的他得知我前一天晚上花了一个通宵最终找到了叶螳之后，他开心地说要将我的照片分享在他们的主页上。我发现，对一件事情的热爱是能够感染他人的。

回想起五年前的自己仿佛还是一个幼稚的少年，充满着激情又伴随着一丝鲁莽。丛林在这五年中也经历了巨大的变化，从一片树叶到一朵兰花，五年足够它们走完一个循环过程。那些依旧存在的树木，也因为长得巨大而显得更加遮天蔽日。时刻变化的世界也在提醒着我们，静止永远都不是人间的主旋律。

发现了一只粉色蚤斯

安第斯山脉的低压区不断地将太平洋上的暖湿气流从东太平洋海洋吸入安第斯山脉的西侧山坳中。这些温暖的气流在上升过程中凝结成水珠，形成了密集的云层。因此，安第斯山脉的西侧常年被云雾所笼罩，形成了著名的云雾森林和温暖潮湿的热带雨林。

↑这一片区域，在大多数的时间里都被云雾笼罩着，高湿度的环境也造就了大量奇特的野外生物在此繁衍生息

傍晚时分,一场大雨过后,山间被浓雾所覆盖。雨水主要在山上降落,伴随着雷电的轰鸣回响在山谷中。Mindo位于山谷下方,雨已经停了,只剩下水汽环绕,整个镇子都被蒸汽所包围。此时,我有种深吸一口气就能喝到水的错觉。

沿着小路行走,小亮老师发现了一只大的蜘蛛,他蹲下身来,说:"这是捕鸟蛛吗?看着又不太像。"

我凑近一看,对他说:"是捕鸟蛛,这种腿比较细。"

黑夜降临之后,寻找昆虫也变得容易起来。漆黑的丛林中,我们寸步难行,因为几乎每走一步都能遇到令人惊讶的昆虫。

↑一只捕鸟蛛(*Pamphobeteus sp.*)在石头地上爬,可能是刚好路过,被我们发现了。这是一种南美的大型捕鸟蛛,目前还只是幼体,看着并不是很吓人

↑一只美丽的猎蝽(*Panstrongylus rufotuberculatus*),还记得我提醒过的吗?小心,它们的毒性可是很强的

↑一只正在清理自己产卵瓣的螽斯(*Neoconocephalus sp.*)

我特别喜欢螽斯这一类昆虫。我依旧清楚地记得,在孩童时期的夏天,我坐在母亲的自行车后座,眼睛盯着道路两侧的树,试图通过漫天的蝉鸣声去搜寻树上的蚱蝉。偶尔,一阵比蝉鸣声更响亮的鸣叫声会盖过这些集散在树上的单兵,四处望去,会见到一些伯伯骑着车,车后座上绑着一大堆用竹条编制的笼子。每一个笼子里都有一只会唱歌的小精灵——蝈蝈。

小时候只觉得蝈蝈和蝗虫很像,都有两

↑就在猎蝽的这片叶子边上又发现了一个小家伙。除了猎蝽,这种普通的蝽(*Brachystethus sp.*)也挺令人头疼。它们虽然没有毒性,但是会用臭腺散发出非常刺鼻难闻的臭味。如果用手碰到这些昆虫而被染上了臭味之后,洗手都很难洗去条强壮的后腿可以蹬地跳起。后来发现蝈蝈除了吃伯伯给我们的毛豆外，还能吃掉养在一起的别的昆虫。长大之后才明白，蝈蝈是螽斯一大类昆虫中的一种。它们非常优雅（确实小时候买的蝈蝈叫优雅蝈螽），修长的腿，平日里会缓慢地爬行，喜欢清理自己的触须与对足。在我开始世界各地探险之后，我发现，全世界居然有那么多种类不一的螽斯。

↑一只巨大的螽斯（*Steirodon careovirgulatum*）被 Mindo 花园的灯光吸引了过来

当疲惫的我们回到 Mindo 花园时，前台木屋上的灯依旧亮着，虽然天空正飘着小雨，但是依旧有一些昆虫围着明亮的灯光飞舞着。在灯光下方的木板上，停着一只巨大的绿色昆虫。远远望去它大约有 15 厘米长，如斗篷一样的翅膀挂在身体后方。待我们走近一瞧，竟然是一只巨大的螽斯。

在我们拍了几张照片之后，我把它放在附近的植物上。这种螽斯的身体其实并不长，透过我手机闪光灯的灯光可以发现，它的腹部还不到翅膀长度的二分之一。它的胸部也颇具特色，背上有两排刺，看上去和剑龙的背有点像。这种螽斯虽然大，但是它是一种食素昆虫。

拍完螽斯，我看见小亮老师的眼睛已经布满血丝，有点儿心疼他，跟他说："要不，您去睡一会儿？"

"好的，确实有点累了，那我先去睡了。"说完，小亮老师回到了木屋。

"走，我们再出去逛逛。"我拉着摄影师小全说。

砂石铺设的山路很颠簸，我们的车抖得似乎要散架一样，山里的风吹在我的手臂上，凉凉的，格外舒服。

我和小全来到 Mindo 镇的广场上，因为已经是午夜时分，镇上一个人都没有，只有几只狗远远地看着我们这两个不速之客。我们拐了一个弯，向着山谷的北侧开去。

"你看那条狗，一直跟着咱们。"小全对我说。

"还真的是。"我看了眼后视镜说。

我们的车开得并不快，一只白色拉布拉多犬在车后面跟着跑。

"什么情况啊，这是它的地盘吗？"我很好奇，便放慢了车速，确保它能追上我们。我想看看这条狗想要干什么。

汽车开出去没多久就没有路了，前面是一条在丛林里流淌的溪流。我把车停在路边后下了车，后面的狗也跟了上来。

"这小白还挺听话的。"小全已经用万能取名公式给白狗套上了名字。

"它会不会是白天吃我们烤鸡骨头的那个？"

"好像是，白天围观咱们的狗里有两只白的。"小全想起来了。

没事，它想跟着我们就跟着吧。

↑ 小白跟着我一起涉水

↑ 有了小白的相伴，果然找到了漂亮的竹节虫（Spinopeplus sp.）

↑ 发现了一只玻璃蛙

　　小白非常听话，只是默默地跟着我们。可能是因为白天我们给镇上的狗狗们太多食物了，这白狗来报恩了。

　　"你说它会不会帮我们找虫子啊？"我打趣道。

　　我想起七年前在哥斯达黎加的山里，只身一人的我因为随身带的罐头太难吃了，就把其中的一部分罐头分给了山里的狗。从那之后的七天，我就成了山里的"狗王"。白天无论我走到哪里，身后都有好几只狗跟着。

　　我们带着小白，来到了Mindo镇右侧的山里，从地图上看，这是一片原始森林。地图所示是俯瞰下拍到的大树，被树冠层遮住的丛林内部是没有办法在地图上显示的。我们把小车停在小溪边上，沿着溪流走入了丛林。小白在我旁边随行，不像那些激动无比的狗，而更像一个和我们认识多年的老朋友，一起在森林中散步。

　　"你看，这是一只玻璃蛙！"在翻过不知道多少片叶子后，我们再一次见到了一只玻璃蛙，而这只玻璃蛙比我们头一天看到的更大、更胖。

↑ Mindo 河奔腾而下，汇入艾丝美拉达河，最后汇入大海

Mindo 河流过 Mindo 小镇后，汇入鼎鼎有名的艾丝美拉达（Esmeralda）河。Esmeralda 实际上是厄瓜多尔西海岸的一座港口城市的名称，是一个西班牙语词，意为"绿宝石"。

在 Esmeralda 河谷开了大约半小时后，漆黑茂密的丛林中停着的一辆老旧皮卡车引起了我的注意。皮卡车的对面有一个土坡，坡度大概有七十度。斜坡入口处的植被被巨大的天南星科植物环绕着。看来这边植被环境不错，我决定爬上去一探究竟。

上山的路和攀岩几乎差不多，我手脚并用，因为极易打滑，还不能随便发力，只能通过踩着植物的根茎来增强脚底的摩擦力。由于是晚上，视线有限，我发现周边长着各色草本植物，这一片在白天应该能接受一部分的阳光照射。

不经意间，在距离我不远处的一片嫩绿叶子上，我看到了一抹粉色，在一片绿叶中显得格外

↑ 在夜色中，一只粉色的蚤斯引起了我的注意

扎眼，好像它根本不应该出现在这里。

在自然界中，粉色昆虫是比较少见的，大家熟知的兰花螳螂，是一种粉白相间的昆虫。但是，这里怎么会有兰花螳螂呢！我靠近观察，居然是一只粉色的螽斯。

这让我大吃一惊，我们知道，大多数的螽斯类昆虫都是褐色或者绿色的，出现其他颜色的概率非常小。不管它们呈现的是何种颜色，基本都是以拟态周围环境中的元素为主，那么，粉色的螽斯是以什么元素为拟态的呢？

通过它的外形，基本可以确定这是一种"*Orophus*"属的螽斯，这类螽斯我在中美洲、南美洲的很多地方都拍摄过。出现粉色，实际上是基因变异的一种。目前，在部分螽斯类昆虫和螳螂类昆虫中出现过。螽斯类的部分类群会出现粉红体色，而螳螂类则更多地表现为黄色体色。

粉色的个体更像我们在生物课里学的隐性基因。这种红色化的原因是某种红毛症（erythrism），而造成红色化的基因则是某种变异的隐性基因。在概率上，动物一旦拥有两个隐性基因，表现出来的样子就会如同这只螽斯一样，成为一只粉色的"芭比"螽斯。

"这还是我第一次在野外见到粉色的螽斯，今晚这一趟值了！"每一次在丛林中见到我没有遇到过的生物都会激发我的热情。

↑ 螽斯 "*Orophus sp.*" 是南美地区比较常见的螽斯，通常情况下，粉红色让这些弱小的昆虫显得更为显眼。处于食物链底端的它们在进化的道路上选择了和环境融为一体来确保种群的延续。而变异后的粉色违背了拟态这一行为，使得它们更容易被天敌发现。不过好在这一类螽斯行为比较谨慎，白天几乎不动，避免在这危机四伏的丛林中遭受攻击

感受夜空下内心的平和与宁静

我们继续沿着 Esmeralda 河往下游开，透过夜色，我能感觉到周围是一片又一片的农场。即使在热带地区，热带雨林也是比较稀缺的资源。尽管对很多动物来说，农场也可以成为它们的栖息地，但是对于一些大型动物，或者对栖息地比较挑剔的动物来说，农场就满足不了它们了。

随着沿途的农场越来越多，我开始担心这些开垦的土地对当地生态环境的影响。农场的存在意味着树木被砍伐、土壤被耕作，这可能会导致一些动物失去栖息地。我想，或许这也是为什么一些对栖息地要求较高的动物要么选择退隐，要么选择适应新的环境。

我们继续往前开，我感觉到空气中的湿气越来越重，仿佛雨水即将降临。这一地区的热带雨林气候让我感到亲切，尽管农场的存在带来了一些担忧，但我仍然希望能够在这片土地上发现更多的生物奇迹。

突然，一阵微风吹过，带来了丝丝清凉。我抬头望去，看见了一片满是星光的夜空。星星点点的光芒照亮了大地，此时，我感受到内心的平和与宁静。

尽管环境发生了变化，但自然的魅力仍然存在，只等待我们去发现、去探索。

我决定继续朝着厄瓜多尔的 Esmeralda 河流域前行，带着对这片土地的好奇和责任感。我期待在这次旅行中发现更多的奇迹和宝藏，同时也希望能够为保护这片自然美景尽一份力量。

我在南美找虫子

Day3

蝴蝶园内的邂逅

昨晚累了一夜，终于算是睡了个好觉。早晨起来后，我把粉色的螽斯拿给小亮老师看。

"为什么会有粉色的螽斯？"我问小亮老师。

"我以前也见过一些螽斯是粉色的，这属于一种颜色的变异。"小亮老师告诉我。

当我们聊着粉色螽斯时，话题的主角一直静静地站在我的手指上，并未逃离。

"粉色的螽斯确实很少，因为粉色在草里很显眼，就算有也很难长到成体。"

↑粉色的螽斯，在一片绿色的草丛中显得格外明显，但是它却存活到了成体

吃完只有木瓜和鸡蛋的早饭后，我们来到 Mindo 的蝴蝶园。这又是一个我曾在五年前拜访过的地方。来到蝴蝶园内，买好门票，售票员把我们带到了一个黑色的小屋内。

售票员对我们说："你们需要看完这里的科普短片之后，才可以进入蝴蝶园。"

作为科普工作者的我们虽然觉得视频内容有一点幼稚，但是我们也理解这是公园面向大众播放的视频，目的就是为了让我们在看到蝴蝶之前，先对这个美丽的物种有一定的了解。

蝴蝶园内有一个十几米高的网罩，既能让光线射入蝴蝶园内，同时也防止了蝴蝶的逃脱。园内水池中的喷泉和瀑布不断地发出流水声，这是为了保证蝴蝶能够及时地补充水分。园内摆放着很多"餐盘"，这些餐盘上面放着香蕉、苹果之类的水果，蝴蝶纷纷停在这些餐盘上大快朵颐。

↑在园区的侧面，有几块木板，上面挂着成串的蝴蝶蛹

在我小的时候，蝴蝶经常被用在解释完全变态昆虫的案例里。我依旧记得当初为了能抓到一只蝴蝶，蹲在学校的花坛边上整整一个中午。虽然最后抓到了蝴蝶，却被老师呵斥着放生。现在，那么多的蝴蝶唾手可得，可我已懂得，对待美丽生物的正确做法是静静地欣赏，而并非获得。

因为现在并不是旅游旺季，蝴蝶园里的人并不是很多。其实，我对这一类圈起来的生态园并不是特别感兴趣，我更希望在大自然中看到它们。

↑ 一只猫头鹰环蝶（*Caligo sp.*）停留在了我的手臂上

每当动物和我近距离接触的时候，我心里便感受到由内而外的美好。谁不希望拥有和世界上所有动物对话的能力呢？

离开蝴蝶园后，我们返回 Mindo 小镇。我们一致反映昨天吃过的烤鸡店味道有点太咸了，于是，今天换了另外一家。最后发现，可能厄瓜多尔这边的所有吃法都差不多，无非就是一些肉片混着米饭，然后再来一点薯条、土豆之类的配菜。

因为明天我们要离开 Mindo，前往安第斯山脉东侧，午饭后，我们决定回木屋休息调整。

流水声虽然很大，但能够安抚我们的心灵，使我们的内心感到平静。自然的声音，早已深深地刻在了我们的基因里。接下来，便是我们的打呼声和 Mindo 河流水声的交响乐了。

Day4

离开 Mindo 花园,继续出发

早晨，因为即将要离开 Mindo 花园，我有一点点伤感。三个晚上完全没有办法去探索这一片世界上生态多样性最丰富的云雾森林的全貌，尽管我们已经发现了许多美丽的动物。

我和荧光蔓绿绒的故事

↑ 缠绕在树干上的荧光蔓绒（*Philodendron verrucosum*）

在阳光刚刚照进丛林时，我看到了在丛林中的一片荧光蔓绿绒，思绪回到了从前。

2019 年，我花了 3 个月的时间打造了一个充满了蔓绿绒和花烛的雨林生态缸。在缸体建成之后，里面的蔓绿绒成了缸中的主角。其中，最受大家欢迎的是一种被称为荧光蔓绿绒的植物。

再跟我一起回到 2014 年，那是我第一次踏上美洲雨林。有一天晚上，我独自一人在寂静且喧嚣的丛林中徒步。寂静，是因为只有我自己，以及无边的黑暗；喧嚣，是因为在丛林中，安静从来都不是主旋律。各种昆虫、蛙类的叫声响彻夜空。当我走到一棵大树前时，我抬头，发现一片黑漆漆的叶子缠绕在树干上。

"这是什么叶子？"我自言自语。

直到后来，我在网上看到了荧光蔓绿绒，才发现那就是我当年在丛林中遇到的叶子。只是因为当时是黑夜，荧光蔓绿绒叶片上的丝绒质感并不会直接反射我头灯的光芒，但是它叶脉上的翠绿却异常明显，这才是它名字的由来。

Day4 离开 Mindo 花园，继续出发

荧光蔓绿绒是一种非常有名的蔓绿绒，首先，因为它天鹅绒一般的叶面质感，给人一种妥妥儿的高级感；其次，因为它的叶脉是鲜艳且明亮的绿色，一眼看上去，好像叶脉上正在发着悠悠的荧光一般。

在光线没有那么强烈的地方，很容易找到荧光蔓绿绒。它叶片上的花纹是如此的令人陶醉，它叶柄上的茸毛是如此令人痴迷。这是一种只生长在云雾林之中的美丽植物。由于是附生植物，它们喜欢较高的湿度，却又因为是高山植物，所以并不适合过于闷热的天气。在国内的热植爱好者圈子里，许多人把养出 50 厘米以上的巨大荧光蔓绿绒作为互相之间交流的资本。还有一部分人，执着于搜集各种不同种类的荧光蔓绿绒。

回到现在，在丛林中，一片蔓绿绒引起了我的注意，我靠近它。

↑这棵荧光蔓绿绒攀缘在丛林中，倒下的树枝成为它附着向上的支点。蔓绿绒的气生根缠绕在树枝上，并且牢牢地固定住植物的茎，从而得以肆意向上生长

←尤其是在黑夜中，当手电筒的灯光照射上去时，叶片的黑色部分由于带着茸毛材质，在正面的时候是不反光的，在侧面的时候可以感受到哑光的质感。再配合上它的叶脉，显得格外壮观

当空气中水分不足时，这些蔓绿绒的气生根会干枯，从吸取水分为主的结构转化为外表坚硬的状态，这样可以更好地把植被固定在攀缘的树干上。

荧光蔓绿绒分布很广，所以有着很多不同的形态。目前，这些不同的形态在分类上并没有文献表明是亚种还是作为不同产地的个体。相信在不久的将来这些问题都会得到解答。

↑这一种荧光蔓绿绒就没有明显的黑绿花纹，叶柄上的茸毛也相对较少

↑ 这一种荧光蔓绿绒的背面是红色的

↑ 这一种荧光蔓绿绒的背后是纯绿色的

↑ Mindo 地区最强势的蔓绿绒就是这种名叫纤维蔓绿绒（*Philodendron fibrosum*）的植物了。在这里，它几乎随处可见，而三年前，这种植物在国内要卖到 2000 元一棵

↑ 纤维蔓绿绒的新叶翠绿并且很脆弱，在空气中暴露足够久之后，它的颜色会由翠绿色变为深绿色

↑ 充满肌肉感的绿帝王蔓绿绒（*Philodendron ornatum*）

　　纤维蔓绿绒无法在阳光直射的环境下生长，原因有二：一是暴晒的环境中湿度往往会在白天变得很低；二是经过千万年的演化，它们的叶子无法忍受长时间的阳光照射，长期暴晒的叶子不仅会因为内部细胞的坏死而产生水泡，还会被直接晒焦。不过在丛林中，阳光偶尔透过树冠层洒进林下，这些斑驳的阳光并不会对它们的叶片造成损害，相反，在黑暗与光明之中的这种微妙平衡，让林下的植物得以生长得更加茂密。

　　天南星科植物是南美丛林的主角之一，巨大的叶片仿佛在告诉我们："没事，这里雨水多，我们不怕蒸发。"确实，只有在足够的降雨支撑下，植物们才能够不顾一切地肆意生长。天南星科，是一种充满雨林色彩的植物。

附生植物

↑桫椤（*Cyathea caracasana*）是一种极为远古的木本蕨类植物。它比恐龙还要早出现一亿五千万年，是名副其实的活化石植物

我又拨开一根树枝，却不巧被树枝上的一棵兰花划破了手掌。我想起在做植物科普的时候，最常遇到的质疑就是——这些植物不需要土就能生长吗？

因为我们对植物的常规认知是"植物失去了土，就好似鱼失去了水"一样，令人难以理解。

对于植物来说，水分、阳光和土壤是它们互相竞争的主要资源。我抬头望去，一棵巨大的桫椤遮天蔽日，同时，它也慷慨地让光线穿过它的叶片抵达下方。

当然，植物的竞争力有强有弱，有些竞争力并不是很强的植物，便选择利用可以依靠的物体，比如附生植物，兰花、苔藓和一些蕨类就是如此。

附生植物，顾名思义就是攀附在其他植物身上的一类植物，它们很难自主生长，因为它们的茎硬度不够强，支持不了独立直立生长，长到一定高度就会落下个"瘫倒"在地上的下场。所以，大多数情况下，附生植物都要依靠另外一个强有力的支撑物进行攀爬。比如，在丛林中的各类山药类的藤蔓、蔓绿绒、花烛以及兰花。有一些附生植物倒也没有攀缘茎，它们直接选择粗暴地生长在其他植物上，比如大树的树干之上。

↑ 它们不需要长在土里，只需要在树干上给它们留有一席之地，就能"快乐"地生长

↑ 蔓绿绒（*Philodendron atratum*）也是如此，它们和绿萝一样，一旦找到一棵树就可以迅速地蔓延上去

　　附生植物与寄生植物不同的是，它们虽然依附于其他植物，但是并不会吸取它所依附的植物的养分，顶多会相互压制、竞争，对于寄主植物是没有太大影响的。

　　附生植物最大的特点在于它们很多时候并不需要泥土，在英文中它们也叫"Airplant"，而更专业的解释则为在别的植物上面。这也从侧面描述了它们的生活习性。它们并不会把根扎在土中，它们获取水分的途径主要来自空气。森林中的湿度远远超过森林外，尤其是在雨林中，大多数时间湿度都是百分之百的。在如此潮湿的空气中，附生植物只需要用它们的气生根上的茸毛就能留下空气中足够的水分。同时，这些气生根吸附在粗糙的植物表面上，又给植物提供了很好的支撑。于是，我们便发现，在森林中，几乎每一个空间都不会被浪费。

　　附生植物由于吸取水分的器官（叶子与气生根）都暴露在空气中，对于空气中含水量的需求是比较大的。这也就是为何在干旱地区往往很少能见到附生植物，而越湿润的地区，附生植物的种类越多。

↑ 在大树的树干上，藻类和地衣先锋队会给树皮铺上一层"基底"，随后苔藓大军会驾到。附生的苔藓由于其特殊的结构，储水性变得更强，进而，其他附生植物也会陆续攀附上来。这是一棵蜜囊花（Marcgravia sp.）

↑ 湿度合适，光照足够但不会暴晒的地方，是苔藓最喜欢的场所

↑ 丝状地衣（Usnea sp.）生长在路边的一根木头上

丛林中的每一根树干上都是另外一片迷你的森林，一个迷你的生态世界。由于对湿度的要求很高，附生植物可以称为是一个小小的生态指标器。

在丛林中，大树能容纳很多动物前来"拜访"，所以，大树树干上的附生植物区是寻找生物的好地方。

↑在树干上的附生植物上，一只拟态苔藓的螽斯（*Championica sp.*）静静地趴在叶子上

↑这是拟态叶子的螽斯（*Hyperphrona sp.*）

转了一圈之后，也差不多是早餐时间了。直到快要离开这里，我才发现我好像还有很多照片和视频没有拍摄。

我很早就来到了餐厅。我想送给 Rod 一个礼物，我用我们自己开发的玩具纸模做了一只可爱的巨嘴鸟。

"我的朋友，你看，我给你拼了一个可爱的礼物。"

当 Rod 看到巨嘴鸟模型时，他的下巴几乎要惊掉了。

"天哪，我的朋友，这真的是太棒了！这是怎么做到的？"

"这是我们自己开发的产品，这次来没有看到巨嘴鸟，有点可惜。"

↑ 临走前，我给 Mindo 花园拼了一只可爱的红嘴巨嘴鸟

← 与 Mindo 花园告别

"我昨天和你说的那个瀑布，如果你们能走到那么远，就可以见到巨嘴鸟，每次我们过去都会有几只在那边的。"

"是吗？真可惜！没关系，留到下次见吧。"

我开着车，虽然心早已飘去安第斯山脉的另一侧了，不过，在离开之前，还是让我好好地和 Mindo 花园的朋友们告个别吧。

重温海拔的一路飙升

我驾车驶离了 Mindo 花园,清晨的阳光从背后的山谷倾洒下来,笼罩在谷底,散发着神圣的光芒。我们从安第斯山脉的西侧向着东部开去,重新感受海拔的一路飙升。

途中,从下往上望去,可以看到各色的植物铺天盖地,路边的树上挂满了积水凤梨,在这样的丛林中开车,是我最喜欢且享受的。在海拔 3000 米左右的时候,我能明显感觉到周围的植被正在逐渐变得稀疏,伴随着一股股如同空调冷气般的云雾,我试着慢慢地打开窗户。

"天哪!好冷!"

我看了一下车辆显示器,外面的温度显示 14 摄氏度。

↑海拔重新升高,空气也变得寒冷

↑在基多开车是比较享受的体验

Day4 离开 Mindo 花园,继续出发返回基多的路程并不漫长，短短一小时，就已经开出了丛林，来到了基多城郊。无论是来或者走，我总是对这座城市有一种特殊的情感。它和川藏线上的一些风景有着相似之处，我想可能是高原戈壁带给人们的那种距离天很近的感觉吧。

穿过来时的大峡谷，我们继续向着安第斯山脉的东侧开去。相比前往 Mindo 的道路，往亚马孙方向的道路会更加难行。

发动机发出轰鸣声，似乎我们四个成年男子加上行李，对它来说有些超负荷。但倔强的白色小车使出了它的浑身解数，勉勉强强让我们以每小时 40 公里的速度在山地上行驶。

天空越来越近，周围的植被也越来越稀疏。

"咦？这里的山怎么是黑色的？"摄影师小全看着左手方向的山问道。

我望去，在一道深邃的沟壑对岸，整座山体呈现出诡异的黑色，好似深渊一般在凝视着我们。

"这是被烧的吧？"我说道，"但是这里怎么会有火呢？这个地方正常的话全年都是云雾缭绕，连个太阳都没有，怎么会有火呢？难道是人为放的？"

我看着那烧焦的山顶，心里泛起怪异的感觉。

↑整座山都被烧焦了

海拔继续升高，天空开始下起了雨。

随着车辆的前行，雨越下越大，一路上的风景和四年前并无太大变化。这一片区域的海拔在 4000 米左右，不过，我前四次的南美探险中都没有在这里遇到过如此大的降雨，可以说，连雨水都没有见过。

随着海拔的不断升高，外面的气温也在不断地下降。汽车的空调一直开的是 20 摄氏度，半小时之前还处于制冷状态，而现在已经开始吹热风了。我看了看仪表盘，显示室外温度只有 4 摄氏度。这倒是出乎我的意料，虽然海拔很高，但是我们所处的位置毕竟是热带高原，

↑窗外下起了大雨

温度低到如此似乎不合常理。我摇下车窗，刺骨的寒风立刻灌了进来，我不禁打了一个激灵。

冷风混杂着雨水，让原本寒冷的高原更加寒气袭人。

我们目前正处于 Antisana 火山与 Cayambe 火山之间的垭口处，来自亚马孙丛林的暖湿空气顺着安第斯的东坡一路向西，由于海拔的升高，暖湿气流冷却凝结成云雾和降雨。在路上，我们甚至能感受到落下的雨水又被空气抽离地面。两座火山的海拔都在 5500 米左右，高山上的积雪因为云雾的覆盖无法看见。但是道路两侧源源不断的瀑布仿佛在向我们证明，它们来自两侧我们看不见的雪山之中。

↑高山上的瀑布，从雪山之巅而来

↑ Papallacta 湖常年被云雾笼罩，可能一年都见不到几天太阳

在 Baeza 被要求下车检查

车辆行驶过垭口大概 5 分钟，我已能明显感觉到海拔的迅速下降，光秃秃的高山草原开始出现各色的植物。从一个弯道口望下去，出现了一个湖泊——Papallacta 湖。这个湖泊在我过去多次的安第斯山脉之行中，都给我留下了深刻的印象。这里的海拔依旧很高，超过了3500 米，高山中的湖泊总是能给人一种神秘的感觉。湖泊常年被云雾笼罩着，如同一个羞涩的少女，并不想把全貌展现给路过的游客们。

绕下斜坡，饥肠辘辘的我自然不会放过路边的路牌上贴出来的"美食"，与其说是美食，倒不如说这是厄瓜多尔版的"沙县小吃"。路牌上无非就是各类的鸡肉饭和牛肉饭，混合着薯条与土豆。

"我们下来吃点东西吧，好饿呀！"我招呼着车上的队友们。在 Mindo 的三天里，由于都处于倒时差的状态，大家饮食极其不规律。

车已经停在了湖边的一个餐厅边上，充满节奏的音乐从餐厅内传出来，让寒冷的山谷中增添了一丝丝的生机。我跳下车，大风裹挟着冰冷的雨水向我扑来，令我不禁打了个寒颤。

只穿着短袖的我，感觉从夏天一步迈入了冬天。

我不顾另外三人，径直冲向餐厅。打开门的一刹那，餐厅里的人齐刷刷地向我看来，里面都是穿着厚厚外套的厄瓜多尔人。也许，一个突然出现的身穿短袖的亚洲面孔，正如当年欧美人出现在早期的中国一样，会带给人们一些新奇吧。

餐厅内是老旧的装修风格，大约20张木质餐桌，桌上摆放着我看不懂的各色调料，每张餐桌的边上都放着一个加热炉。我带着一股寒气选了靠窗的一张桌子坐下，这时候小亮老师他们也坐了下来。我拿起菜单，谢天谢地，菜单上满是照片。

向窗外望去，依旧是湖泊，湖水碧蓝无比，深不见底。我回想起记忆中的天山天池和长白山天池，不过与它们相比，这只是一个体型缩小无数倍的小水库罢了。

午餐比较丰盛，先是南美版的鸡汤，里面放着特有的土豆。不过我们刚咬了一口，就

← 在寒冷的高原，我们终于能吃上一口热饭了

↑ 这一路上，雨一直下

Day4　离开 Mindo 花园，继续出发

对于它是土豆还是山药引发了一连串的讨论。最后我们一致确定它还是土豆,只不过尝起来味道像山药。随后是烤鸡排,厄瓜多尔人民虽然没有沙县小吃,但是各地的鸡肉烤的都差不多。烤鸡排边上放着薯条、生菜、番茄等小吃,还有一杯鲜榨的橙汁和热可可。

在如此寒冷的地方,有这样热气腾腾的午饭,吃得我们浑身暖洋洋的。

一顿丰盛的午餐温暖了我们所有人的身体。离开餐厅的时候,我们也不觉得那么冷了。

车辆继续行驶,伴随着海拔的下降,周围的植被逐渐从低矮灌木变成了参天大树。这些大树的树干上、树枝上都覆盖了厚厚的苔藓和地衣,我想这就是极高湿度最好的证明。这里的海拔依旧很高,超过了 2500 米。

车辆行驶到 Baeza 小镇,这是从安第斯山脉东部开下来的第一个小镇,也是大多数货车从基多通向亚马孙丛林的必经之路。这里热闹非凡,路边的杂货店、小吃摊、餐厅一派欣欣向荣,充满人间烟火气。

前方是一个检查站,路过的汽车大多会被这里的警察盘查。之前的几次,我都因为亚洲面孔以及人畜无害的"我不会西班牙语"而让检查站的警察们无奈挥手放行。

"没事儿,他们看我们不会西班牙语,而且是中国人,一般都不会查。"我信誓旦旦地和车上其余的人说。

不过,很显然,时代变了。

警察们拦下我们的车,看了我们的证件后就开始挥手让我们下车。

我们几个人面面相觑,不过想着也没有什么可担心的事儿,也就泰然自若地下了车。只是因为我们行李太多,腿上抱着的、地上放着的,还有后备厢塞满的,看着很狼狈。

警察让我们走到旁边,拿着我们所有的行李来到一个桌子前,便开始开箱检查。为首的一个高个子警察在尝试着与我们沟通几次之后,终于因为语言不通无奈地摊了摊手。他挥手叫来了另外一个黑脸警察,令我惊讶的是这位面相看上去并不友善的警察倒很客气。他略懂一些英语,不过也只是简单的几个单词,就已开始问我们"从哪里来?""要去哪里?"

"我们要去 Tena。"那是亚马孙的一个城市。

警察嘴上"哦"了一声,手上并没有停下来,继续翻看我们打开的行李。我们携带的每一个包裹,他们都仔细地检查着。在看到我们的相机等设备之后,他们好像放下心来,相信我们是真正的游客而不是走私或者盗猎分子。

摄影师小全看对方无比友善,就想拿起摄像机记录下这次被搜查的经历,没想到遭到了警察们的阻止。不过警察看我们也有趣,其中一位拿起了我的相机,反而问小全这个要怎么用。小全告诉了他按键之后,他倒是拿起相机对着我们拍摄了几张。虽然后来查看相机的时候发现他基本都拍模糊了,但是想起来还是挺有意思的,我便把照片都留了下来。

被放行之后,我们终于得以继续出发。

↑ 在这一片云雾林中行驶，仿佛身处仙境，美得让人感觉不真实

从安第斯山脉疾驰而下

行驶出 Baeza 小镇后，又进入了丛林之中。这里的山路极其难开，因为常年下雨，地上虽然都是柏油马路，但是坑坑洼洼的。车子完全没有办法开快，因为稍不注意，我们全车的人和行李都会被坑震得飞起来。

沿着山路一路急驶，从仪表盘上可以看到车外的温度在不断升高。这里是全世界降雨量最高的区域之一，从亚马孙平原被西风带过来的所有暖湿气流都汇集于此，使得这里有着全世界保存最完美的云雾森林。

道路两侧是山谷之间的悬崖峭壁，一条条瀑布从山顶倾斜而下，垂直落差都超过了五六百米。远远看去，令我不禁感叹大自然的鬼斧神工。当然，也有一些区域是典型的山体滑坡。确实，在这天天下雨的地方，垂直山面出现滑坡是再正常不过的事了。安第斯山脉两侧的这些沟壑与地形，不正是这些地质变化造成的嘛。

大自然有着无比强大的自我修复能力，滑坡的土坡上很快会覆盖上草本植物，随后乔木也会逐渐蔓延过来，最后就好似无痕修补一般，把两侧的丛林重新连接起来。

↑翠绿的地方，很显然就是新长的植被，而上面那些深绿的区域则是原本的原生林。这些新生的植被只需要5~10年的时间，就能重新把这一片土地恢复到原始森林的状态

我们继续沿着 Antisana 火山的北坡一路下行，雨水渐渐停息。在最后一个弯道口，我们站在山口可以俯瞰亚马孙平原。凉爽的山风顺着山下吹到我们脸上，亚马孙平原的上空覆盖着厚厚的一层宛如棉被的白云。我看到的是一片大自然的宝藏，在这视线所不能及的远处，是几千公里之外的大西洋沿岸。

亚马孙太大了，大到丛林中依旧有着太多我们不知道的秘密。不知道第一次发现亚马孙平原的欧洲探险家，在看到如此一望无际的雨林时是什么感觉。

这个地方一年有超过 300 天在下雨，导致下山的路十分难走。在如此的环境之下，塌方是很常见的，不过好在并没有影响到我们车辆的行驶。

我们在道路的一个三岔口向左转，进入了 E20 道路，前往我们的下一个目的地——苏马科火山（Sumaco Vocano）。

在平台上可以眺望远处的亚马孙平原

苏马克火山是安第斯山脉中距离亚马孙平原最近的火山之一

抵达苏马科火山

苏马科火山，是亚马孙平原中的一个瑰宝。安第斯山脉频繁的地壳运动造就了很多有名的火山，厄瓜多尔丛林中的苏马科火山便是其中之一。一方面，它比较深入亚马孙平原，并没有5000多米那样恐怖的海拔；另一方面，它身处平原上高耸的山峰让其拥有了足够的垂直落差。苏马科火山的丛林覆盖率极高，从山脚到山腰都被原始的热带雨林覆盖着。

我们的白色小车沿着苏马科火山的南坡山脚行驶，在路上并没有办法看到火山全貌，但是一路上有很多溪流，显然都是从苏马科火山上流下来的清澈山泉。这也是一条厄瓜多尔比较繁忙的道路，如果沿着这条路一直走，便会到达 Malacon 港口，从港口坐船就能前往大名鼎鼎的亚苏尼保护区。不过，那里并不是我们这次的目的地。

在经过一个类似集市的三岔口，车辆左转，原本的水泥路变成了由大小不一的石子铺设而成的山道。车子也随着道路的坑洼而抖动起来，我被颠得连握着方向盘都费劲。

从山脚开到山腰的路并不算长，大约二十分钟后，我们来到了 Wild Sumaco Lodge，这是苏马科火山上唯一对外开放的住宿点，也是唯一的生物观测站（Sumaco Biological Station）。

↑ 前方风景开阔，显然是观鸟的绝佳场所

Day4 离开 Mindo 花园，继续出发

保护站由四栋矮房组成，其中一栋是观鸟台与餐厅，另外三栋是客房。客房的条件还不错，能够满足基本所需。

在观鸟台边上的树丛中有一个小亭子，亭子的前侧挂着一块白色的布，这便是灯诱昆虫的地方。曾经我一度认为这是专门给昆虫爱好者树立的灯诱布，但是后来我才知道，这只是为了给清晨的鸟儿准备昆虫"自助餐"的地方。

Carolina，是接待我们的一位厄瓜多尔女士。她的皮肤是健康的小麦色，她戴着一个大大的耳环，最有意思的是她说话的方式，每当我问她问题的时候，她都会用极快的语速回道"Oh yea yea yea"或者"yea sure sure sure"。

她拿给我一张当地区域的地图，地图上标注了苏马科火山附近所有我们能够穿越丛林的小道。有一些小道在次生林中，有一些深入原生林中。我想起四年前的那个夜晚，我大概花了一整夜探索了这边的大部分小道。我拿着地图，回忆着当年的一些场景。我一向对我的记忆力很有自信，便随手把地图放在一边，来到餐厅前面的露台上。

确切地说，这更像是一个观景台或者观鸟台。露台的前方视野很开阔，几棵大树立在露台之前，很显然，这是一个观察鸟类的绝佳之地，更是鸟类的天堂。

就在我静静地欣赏着将要落下的夕阳时，几位美国老人从外面回来，他们基本人手拿着一个挂着长长镜头的相机或者是一看就是大口径的望远镜。很显然，他们是一群观鸟的游客。我们互相友好地打了招呼。

这时的我正将我们的灯诱帐篷从背包里拿出来，摊在地上支起。其中一位阿姨好奇道："这是你们的露营工具吗？"

我倒也并不意外，在传统的灯诱装备中，往往都是一块白布挂在两个支架上。但是在国内，灯诱大量被用在观察昆虫的各类自然研学活动里，大量的需求自然给行业带来

↑ 灯诱设备引起了现场的其他观鸟爱好者的注意

了充足的资金和更多的研发动力。我们使用的这种灯诱帐篷，占地空间小，便于携带，甚至还有挡雨的功能。它的外观和一个真正的帐篷有点类似，也难怪她从来没有见过这么先进的灯诱产品。

晚餐并不丰盛，却有点花里胡哨。精致的盘子里放着鸡肉和土豆混合起来的某种肉球，一杯果汁和一些生菜沙拉，餐后还有一个甜点蛋糕。在这与世隔绝的山谷中，自然也没有办法获得丰厚的原材料了。

晚餐后，天已经黑了，大地进入了沉睡，轮到夜晚的动物们登场了。

我和小亮老师决定出去走走。在海拔 1400 米的山上，我们明显地感受到夜间的气温在下降。我没有听 Carolina 的建议穿上靴子，而是照旧穿着我的洞洞鞋踏上了征程。

从保护站出去后左手边大约 20 米的地方，有一条隐蔽的小道嵌在路边的丛林中。山地雨林相较于平原雨林有一个最大的好处，就是行走在山地的丛林中，会有更多的机会接触那些平时生活在树层偏上部分的生物，近乎垂直的斜坡让我们能够看到那些生活在树冠层的生物。

刚出发，我就发现了一种特别有意思的直翅目昆虫，连忙招呼小亮老师："快看！这是一只拟态叶子的螽斯！"我指着一片棕榈叶子上竖立着的一片"小叶子"说。

正在小亮老师拍摄这只绿色螽斯的时候，我又发现了另外一只同样的螽斯，不过那只是褐色的。我把另一只轻轻拿起，捏着它的翅膀放在这只绿色螽斯的对面。场面一下子变得有趣起来，绿色、棕色两只螽斯面对面站着。

"这俩是同一种吗？"小全问道。

"不是，它们属于同一个属，但是不同的种类，你看褐色的这只，它的翅膀形状和绿色这只

↑南美洲拟态叶子的螽斯（*Typophyllum mortuifolium*），是一种小型螽斯

↑被我拿来做对比的另一只螽斯（*Typophyllum morrisi*），如果我们仔细观察会发现，绿色的这只的"叶脉"更加靠近翅膀的外延（也就是下端），而棕色的这只更靠上面。并且，两只螽斯的翅膀弧度也不同。它们只能算是同属的亲戚而已

←因为这种螽斯的翅膀实在太高了，所以雄性交配只能站在雌性的侧面。图中，雄性还是处于反向身位站在雌性身上。也不清楚它们是正在培养感情还是已经交配结束了

→在路边的栅栏上，一只口器长到只能交错着放的猎螽族（Listroscelidinini）若虫

是不一样的。这两个种是不会变色的。"

不一会儿，我的说法就得到了另一种形式的验证，另外一对正在交配的 Typophyllum morrisi 很快被发现了。

温度下降后，空气的储水能力也开始下降，多余的水分会以雾这种液态水的形式存在。这也是山谷里到了后半夜很容易起雾的原因。很多植物上也因此挂满了水，在这样的环境下，两栖类动物们终于可以舒舒服服地出来了。

我发现一只巨大的盲蛛（Phareicranaus hermosa）静静地站在叶片上，等着路过的猎物。由于它们的视力并不好，更多的时候是靠挥舞着第二对步足来感受环境的变化。这一对步足被它们当成了触角来使用。

热带丛林的物种总会有一些生物的特性超乎我们的想象。我看到前方大树下的一堆灌木丛中有一条白色的家伙在缓缓爬行，疾步上前，走近一看，湿哒哒的叶片上，趴着一只无肺螈。

↑ 南美安第斯附近的无尾目分类其实非常混乱，绝大多数的青蛙被"粗暴"地划分在 *Pristimantis* 这个属中。导致在南美遇到的 90% 的蛙类都属于 *Pristimantis* 属

↑ 另一只 *Pristimantis sp.*，安安静静地站在一棵蔓绿绒叶子的中央

↑ 寻找蛙类是一件很有意思的事情。有些蛙类的眼睛特别大，而且能够反射手电筒和头灯散发出的光芒。在很远的地方就能看到丛林深处有一双可爱的眼睛在看着我

↑ 南美有非常多的迷你小粪金龟，这些小小的"屎壳郎"要负责清理丛林内的各种粪便。其中，一些种类进化成专门进食猴子或者某种哺乳类动物的排泄物，可谓分工明确，各司其职

↑盲蛛（*Phareicranaus hermosa*）说：反正我的脚比较多，留一对用来当触角，刚刚好

↑叶片上趴着一只无肺螈（*Bolitoglossa medemi*），它们只在陆地上生活，降低了对水体的依赖，更好地适应了丛林的环境，并且可以提高种群扩散能力。这让我想起了之前研究过的镇海棘螈，只是由于水体和栖息地环境而变得极为稀少

迷失在山道中

"你确定是往这里走吗?要不咱们原路返回吧!"在见到我带路开始犹犹豫豫的时候,小亮老师对我发出了灵魂拷问。

"应该没错,当年就是往这里走的,没错的。"我费力地跨过一片泥地,硬着头皮说。

这条小道的尽头是苏马科火山生物研究所,就在小道旁的大路边上。而我们的小道,就像一个 C 字,先绕到原始森林中,然后从海拔更高的地方通回到大路上。然而,不知是不是因为长时间没有人走了,原本就被植被覆盖而不那么明显的小道,已经几乎完全隐没在肆意生长的植物丛中。

↑其实,我已经忘记怎么走了,目前正处于很迷茫的状态

坏消息是,我逐渐失去了过去的记忆。我已经分不清前方到底是应该直行还是拐弯。在漆黑的夜色中,树林周围的环境看上去可怕得一致。

我倒不是第一次在丛林里迷路,事实上,几天前在 Mindo 云雾林中,我也在丛林中迷失过一次方向。不过因为就我一人,所以我并不是很在意在丛林中迷失。而这次我们一行四人,我是需要对大家负责的。好在我整体的方向感还是非常强的,能够根据植被长势和并不明显的星空判断大致的东南西北,当地的卫星地图早就深深地刻在了我的脑海中。

道路泥泞,踩一脚就容易陷进去半只鞋子。往左,是深不见底的密林;往右,似乎有一片开阔的地带。

"往右边走。"我说。

我们终于走出了丛林，但前方并不是大陆，而是一个农场，几只牛远远地看着我们。月光下，我们没有办法找到农场的出口。

在农场和丛林之间，围绕着一圈圈的铁丝网，网尖上的铁锈警告着我们不要靠近。

农场的草长得很高，很难行走，而且由于看不到地面的情况，一脚踩下去，可能会随时陷进去半条腿。

我们回到了丛林内，打算沿着丛林的边线一直前行。

方向总是对的，只是不确定要走多远罢了。我看着丛林思索着，试图从混乱的思绪中找到一条可行的办法。

↑左侧是原始丛林，右侧是布满铁丝的农场，沿着栅栏却又经常无法前行。夜晚在这样的地方行走比想象中要难得多

→我穿着短裤，双腿被锋利的草割得满是伤痕，狼狈不堪

一路上，没有人发出声音，我隐隐感觉到每个人身上所散发的紧张气息。就这样，我们深一脚、浅一脚地在丛林中持续走了3小时，我们迫切需要一个能休息的地方。但是眼下除了软绵绵、湿哒哒的泥土之外没有任何能让我们坐下的地方。

我们在丛林和农场之间来回穿梭，当农场的积水让我们寸步难行时，我们回到丛林中扒开树枝前进。当丛林中实在令我们无法前进半步时，我们又勉强回到农场踩着水前行。

就这样又过了一小时，我们终于看到了农场外侧的山路。

很显然，重见天日的希望给了我们巨大的能量。我们似乎忘记了双腿的酸麻，一鼓作气跑上了山路。

几乎在踏上山路的一瞬间，我们都瘫软地坐了下来。虽然不算危险，但是依旧有着一种劫后余生的喜悦。

回想起当小亮老师问我是否需要往回走的时候，我想，无论问多少次，我应该都会选择向前。对我来说，迷路本身也是探险体验的一部分，也正是经历了重重困难，在日后回想起当初的经历，才是最令人回味无穷的。

↑在冲出丛林的一刹那，我还在一棵植物上发现了一只漂亮的大型螽斯 *Cnemidophyllum lineatum*，它与我们之前遇到的另一种螽斯 *Steirodon* 属有一点相似，不过它的体形要相对小一点，身上看上去也更胖一点

↑灯诱帐篷上爬满了各种各样的昆虫，而更多的昆虫依旧持续不断地飞来。就如同一场盛大的宴会一般，吸引着各路"英雄好汉"前来

↑ 突然，有一些小甲虫引起了我的注意。我凑近一看，是一只绿色的金龟子。这是一种非常奇特的甲虫，它看上去很像某种大型的犀金龟。查过资料后发现，它是丽金龟亚科的一种 Spodochlamys latipes。

↑ 又见到了罗斯柴尔德蛾（Rothschildia lebeau），不过这次的是另外一种。只间隔了一个安第斯山脉，可以发现它们翅膀上因为地理隔绝而产生的细微变化

← 另外一种螽斯 Paraphidnia sp. 则显得非常低调。它身上的这种淡绿色与黑色的配色是在拟态地衣的颜色，为了拟态得更逼真，它们的触角都是弯弯曲曲的

↓ Moncheca elegans 头部、腹部的上端，以及六条步足上都呈现出深蓝色，搭配撞色的橙色与黄色，让这种螽斯格外显眼。这种鲜艳的色彩应该是某种警戒色，试图警告来犯的敌人"小心，我有毒"。当然，事实上它们也只是虚张声势罢了

↑ 我们人手一只，好像小时候把玩着心爱的玩具

我们快速地回到了保护站，却发现观测站的大门被反锁了。好在 Carolina 并没有睡，我在门口喊了几嗓子之后她走了出来，告诉我们边上有一道隐蔽的小门可以打开。

"很抱歉 Jason，但是你知道这里是厄瓜多尔，就算是山里也要小心一点。"她告诫道。

回到保护站内，我们来到观景台上的灯诱帐篷边，眼前的一幕着实让人惊讶。几乎是铺天盖地的昆虫围着灯诱帐篷飞舞盘旋着。当我们靠近它时，有许多虫子还飞到了我们的身上。

我们走进旁边的亭子，保护站的灯诱布上此时也来了许多漂亮的昆虫，其中有一种蓝色的螽斯引起了我们的注意。

精疲力尽的我们都选择了回去睡觉。我睡得并不是很踏实，可能是心情依旧处于亢奋的状态，凌晨五点，我就睡醒了。

我打开了直播软件，此时国内的朋友们正处于晚饭和下班的时间，不一会儿，就有许多朋友来到了我的直播间。瞬间涌来的朋友们让我突然泛起了一股感动，这让我知道有许许多多和我志同道合的朋友们，他们都在关注着这场探险之旅。

看着他们在弹幕上的热烈讨论，我感到前所未有的亲切。

我把手机的镜头对准灯诱帐篷，给他们展现一个晚上出现的成果。其中，有很多朋友关心地对我说："你看着好憔悴啊！"

从观景台望去，能看到远处安第斯山脉上的 Antisana 雪山，那些在高原上看到的瀑布、河流，都是从那里而来

在南美洲的前四天,虽然精神上一直处于极度亢奋的状态,但我确实非常累。因为,我还承担着向导的责任。

是的,我很累。我突然泛起一股酸楚,但是随即我又将它抹去。这是我的梦想,所有的艰苦和疲惫都会成为我战斗的铠甲。

正当我与朋友们通过网络直播间闲聊时,我注意到天边的太阳已经升起,这又是亚马孙丛林新的一天。

↑巨大的龙虾蠡斯,好像一个机械玩具

Day5

遇见哥伦比亚叶螳

保护站的工作人员正在往蜜罐里放糖水，放完之后蜂鸟们便一窝蜂地冲了上来，享受清晨的第一滴甘露。

定了定神，回到房间洗了一把脸，来到餐厅安静地等待早饭。Carolina 见到我这么早就醒来感到很惊讶，因为昨天大半夜她还看到我戴着头灯在门口晃悠呢。

早餐很快就端了上来，我吃完早餐后，回到房间又补了个觉。当我再次醒来已经是上午了，摄影师小全、小亮老师与辰麟都已经用餐完毕。看来，又到了一天出门探险的时刻了。

↑ 金尾蜂鸟（*Chrysuronia oenone*），是当地的一种颇具特色的美丽蜂鸟，当它张开翅膀飞舞时，能看到全身反射的美丽光芒

↑ 线冠刺尾蜂鸟（*Discosura popelairii*）

↑ 拿好相机装备，我们便出发了

一起经历了昨晚的迷路，大家的感情似乎在不知不觉中更近了一些。

我和小亮老师聊起了安第斯山脉的形成，"看这地貌褶皱的感觉，应该是板块挤压造成的吧？"不愧是小亮老师，直接就点出了问题的关键所在。

"没错，在六千五百万年前，有一个叫纳斯卡的板块，它在太平洋上，南美板块的西侧。就在那个时候它开始挤压南美板块，把南美板块的亚板块给抬升了，大概抬了几千万年。其实，之前的抬升高度也还好，到了四百万年前抬升速度加快，然后板块的挤压也造成各种地质运动，比如火山喷发、地震，最后就形成了现在的安第斯山脉。"我补充道，当然，这是我长期拜访南美洲才知道的知识。

"咱们现在所在的地方是一座火山对吧？"小亮老师问我。

"是的，这是 Sumaco 火山，也可以说它是安第斯山脉这边最靠近亚马孙平原的火山了，因为火山的海拔很高，有 3000 米左右，所以这里的生物多样性特别丰富。"

"确实，在咱们国内的墨脱也是，有各种火山。看来火山除了造成毁灭，同时也带来了各种新的生命。"

我们聊着聊着，走进了丛林。

↑ 我和小亮老师在聊第一次进入亚马孙雨林的感受

Day5 遇见哥伦比亚叶螳

↑ 一颗蒲公英一般的种子，在空中摇曳

上午的雨林，阳光懒洋洋地照射进来，林下的飞虫被走过的我们惊醒，飞起。

上一次来到苏马科火山是 2019 年，当时我选择把这里作为返回基多的一个落脚点。那一天早上，我和另一位朋友从亚马孙丛林出发，抵达苏马科火山的时候已经是傍晚。我们在保护站吃了一顿晚餐，之后便匆匆钻进丛林。

可惜天公不作美，在丛林中走到一半的时候，开始下起了雨。彼时的我们并没有意识到问题的严重性，觉得在丛林中，大雨也不至于能淋到我们太多。可是，后来雨越下越大，演变成特大暴雨，我们一路狼狈地向前冲，想要找到一处可以躲雨的地方。可当我们冲出丛林的那一刻，雨居然也停了，两个人狼狈地站在原地相视而笑。

其实，山地雨林中的暴雨是比较危险的，因为夜晚的温度比较低，一场大雨很容易造成人体温度的失衡，极端的低温会给人带来强烈的幻觉不说，一旦在野外休克，得不到及时的救援，那就会有生命危险了。

所以，当时我没有享受到在这美丽丛林中行走的乐趣，只能是短暂的停留，到了凌晨两点便匆匆离开了。而这次的南美洲之行，我终于有机会可以充分感受这一片丛林，近距离接触这些由美丽火山所带来的多样性物种了。

我们顺着台阶往下走，来到一片丛林中阳光能照射进来的区域，有几只蝴蝶翩翩起舞。我们用捕虫网困住一只，拿在手上一看，这只蝴蝶的翅膀就同一层薄纱一样透明。

我们对着拟晶眼蝶拍了一会儿照片后便松了手，它扑腾了一下翅膀，消失在丛林之中。

随后，我们又发现了一些鞘翅目昆虫。虽然我们大多数时间都是在夜里看到被灯光吸引的甲虫，但是实际上，相当一部分甲虫在白天也十分活跃。

突然，我在一片蔓绿绒叶子上发现了一只长得很像豆元菁的昆虫。当我们凑近一看，发现居然是一只拟态花萤的叩甲。

↑拟晶眼蝶（*Pseudohaetera hypaesia*）有着透明的翅膀，后翅的尾端带有和马赛克一样的花纹，这一类蝴蝶是南美洲丛林中的一大特色物种，十分美丽

↑某一种突花萤（*Chauliognathus cinguliventris*），土黄色，不易引起人们的注意

↑趴在叶子上的一只（*Macrodactylini*）族金龟

↑虽然花萤也属于叩甲总科，不过两者并不属于同一科昆虫。这叩甲也算是在模仿同总科的兄弟了

↑一只萤火虫（*Aspisoma sp*）也在白天出来溜达

我们在丛林中走走停停，偶尔翻一下灌木、泥土，甚至腐朽的木头。这些都是寻找昆虫极好的地方。因为白天阳光照射强烈，大量的信息通过我们的视觉进入大脑，会导致我们很容易忽略体积小的昆虫。所以翻一翻灌木，让一部分隐藏很好的昆虫动起来，这样就更有利于我们去发现了。

↑即使是原生林内，树木相对稀疏的地方也会有阳光照射进来，这些有着充足阳光的区域，植被也会相对茂盛，昆虫自然也就多了

→在林下的一根倒下的木头上，我们发现了几只黑蜣（*Passalus sp.*）

我和小亮老师把发现的黑蜣拿起来，正准备讨论一下时，他手上的那只黑蜣突然对着他的无名指狠狠地咬了一口。

在朽木的附近，有一只在叶片上跳跃的小昆虫引起了我的注意。它以很快的速度在叶片上来回走动。在我们凑近之后，显然它也发现了我们的存在，随机转过头来看向我们，同时不断地调整身形。它看上去活脱脱是一只双翅目的果蝇，可是当我们仔细观察却发现，这居然是一只象鼻虫。

←说到拟态，这一只拟态果蝇的象甲（*Hoplocopturus sp.*）绝对算得上宗师级别的昆虫了

→ 一只体型只有绿豆大小的金龟，全身为金绿色，有着金属一般的质感

就在我对着这只绿色的金龟子拍得不亦乐乎时，小亮老师那边又有了新发现。

"你看，这有个虎甲。"说时迟，那时快，他挥舞着网兜抓住了虎甲。随后把手伸进去，将虎甲虫拿在手上。

"小心被咬啊！"我提醒他。

"没事儿，它咬得不疼，还是刚才那只黑蜣咬得疼。"小亮老师宽慰我。

↑ 背上带着两颗金斑的虎甲（*Pseudoxycheila chaudoiri*），是一种分布在安第斯山脉亚马孙地区的小型虎甲。它有着强壮的口器，可以轻易地咬碎蜗牛壳等坚硬的物体

↑ 一口就咬出了鲜血

正在我们说话间，虎甲好像听懂了似的，对着小亮老师的中指狠狠地咬了一口，仿佛要证明它并不比刚才那只黑蜣差似的。

伴随着小亮老师"哎呦"一声，虎甲成功地证明了它咬人也很疼的事实。看到小亮老师狼狈的样子，我感到特别有趣。

↑ 白天的热带雨林，阳光非常强烈。好在这些生长高大的树木挡住了强烈的阳光，让丛林里的动物们可以一直享受适宜的温度。一旦这些树木被砍伐殆尽，随之而来的就是动物们的栖息地一去不复返

高海拔的热带云雾林中有着明显的温差。夜间的温度不超过 15 摄氏度，而白天由于太阳的照射，温度可以达到 33 摄氏度以上。

吃午餐的时候，我拿出了金刚鹦鹉模型，打算送给保护站。

下午时分，我靠在保护站餐厅外的观景台上小憩。这时 Carolina 走过来。

"Jason，你要不要去看看？有一只蜥蜴在下面。"

"蜥蜴？大吗？"我惊喜地问道。

"还挺大的，就在不远处，我带你去看看？"

我一下子来了兴趣，"走，去看看！"

我们穿过保护站观景台下方的丛林小道。

"你确定它还在那儿？"我开始觉得有点不确定，因为很显然 Carolina 并不是刚从丛林回来，但是好像她知道那条蜥蜴会在林子里等我们似的。

"对对对，它每天都在那儿，我们已经连续好几个月看到它了！"Carolina 非常淡定。

↑午餐后，我花了一小时把这个金刚鹦鹉纸模拼完

↑Carolina 带着我走向保护站后面的小道

连续几个月都在那儿？看来是安家了，不过我可没有听说过蜥蜴会安家。

当我们走到一片倒木废墟时，Carolina 低声说："你看，它就在那儿。"

我低下身子一看，果然是一只蜥蜴，它体长并不长，可能是一只木蜥属的蜥蜴（*Enyalioides sp.*）。它静静地趴在木头上，尽管它已经察觉到了我们的到来，但是并没有像之前我们在 Mindo 看到的那条冠蜥一样离开，而是静静地看着我们。

根据 Carolina 所说，它已经在这儿很久了，想必也经常有游客来到这里给它拍照。久而久之，这只蜥蜴倒也习惯了人们的到来。令人欣慰的是，大家都很有默契地不去做让它感到危险的事情。我也尽可能地不打扰它，只是远远地给它拍了一张照片，之后便离开了。

↑ 木蜥（*Enyalioides sp.*），生活在美洲热带丛林的一种树栖蜥蜴

重新回到保护站后，可能由于早上起得太早，加上前几日都没有好好休息，我感到有些坚持不住了，眼睛就像挂着铁块一样。于是，我回到了自己的房间，沉沉睡去，为晚上的探险做准备。

下午临走之前，Carolina跟我说："Jason，你可以把你的灯点到海拔更高一点的保护站那边，那里要比这里开阔一点。"她的建议非常好。

睡醒之后，我发现太阳快要落山了。于是，我决定把灯诱的帐篷拿到距离保护站住宿区不远的生物观测站，那里的海拔比保护站这边要高出一点，视野上也的确更开阔。最重要的是，保护站已经有一块灯诱布，分开点灯也确实能让效率更高一点。

↑ 把灯诱帐篷架在视野比较开阔的地区，也有助于吸引更多的昆虫前来

我和小全开着车来到保护站,此时正好夕阳落下,在搭建好灯诱帐篷之后。我望着远处的苏马科火山山顶,由衷地感叹人类在大自然面前实在太渺小了。

"你知道吗,这是一座活火山。"我和小全说。

"活火山?那它会喷发吗?"小全似乎很惊讶。

"没事,活火山只能说它内部是活跃的,其实就算喷发也就喷一点点岩浆出来,根本影响不到我们,这种火山其实没有那么大。"

不过我说着说着,想起了汤加火山喷发的情景,确实,大自然一旦发起飙来,是不会像我说的那样轻描淡写的。于是我改口道:"苏马科火山其实没有记录喷发过,它就是相对比较活跃,反正应该不会是我们在的这几天喷发的,别担心。"

夜色降临,我抬头看了看天,说:"今晚前半夜应该有银河。"

"行,那我就9点去拍个延时吧。"小全说。

回到保护站的餐厅,天还未完全黑。另外几位观鸟爱好者聚集在餐厅前的观景台上,"长枪短炮"全都对着一棵树。

"看,上面有一只巨嘴鸟。"其中一位老人看到我来了,兴奋却又压低声音对我说。

我抬头望去,果然,在远处的树上,有一只美丽的大鸟正在缓缓移动。它时而转头,时而凑到边上的果实上咬一口,看着十分悠闲。

↑夕阳之下,丛林变成了一个童话世界

↑ 厄瓜多尔特有的黑嘴巨嘴鸟（*Ramphastos ambiguus*），可惜太远了，没有办法拍得很清楚

↑ 蜡蝉（*Phrictus xanthopterus*）有一个外号，叫龙头虫（*Dragon head bug*），看来这是形容这种昆虫头上那特殊形状的犄角了

↑ 叶片中的一只拟态叶子的螽斯（*Anapolisia sp.*），不过它好像站错了位置，让自己变得特别显眼

我们吃完晚餐，选择了苏马科保护站前面下山的道路，白天看到的那只木蜥已经不见了踪影，看来它应该是跑到高处去睡觉了。这条道路比较陡峭，而且有很多岔路，走到尽头应该是一条河流。不过我们并不打算一路走到底，毕竟，下山有多陡峭，一会儿爬上来就会有多累。

走出没多久，树干上趴着的一只蜡蝉引起了我们的注意。与亚洲的长鼻蜡蝉不同，它的"鼻子"短短的，末端是一个四边形的盾面。

我们的运气不错，来苏马科的两天都没有碰到下雨，所以这些山路和四年之前比起来并不是很难走。只不过，由于树冠层的树叶相对比较茂密，白天遮住了太多的阳光，林下并没有很多的灌木。

只花了1个多小时，我们便从森林中回到了保护站，此时时间也才晚上9点。小全出发去拍延时了，我和小亮老师在餐厅门口观察着灯诱布上的昆虫。

餐厅门口的灯诱布上面并没有太多让我眼前一亮的昆虫。看着我失望的样子，辰麟问："是没有你想要的螳螂吗？"

真是一针见血啊！

↑ 韦氏预螳（*Vates weyrauchi*）被我们的头灯吸引了过来

"是啊，要是有一只叶螳就好了。"说罢我们前往餐厅右侧另外的一个灯诱。

我站在斜坡上，看着眼前距离地面大概 6 米高的灌木。因为斜坡的原因，我可以站在几乎和它平视的地方。我很清楚我在找什么，十余年来，我一直在寻找某一类螳螂。这一类螳螂可能没有非常酷炫的外表，但是却有着近乎完美的伪装。我有着很强烈的预感，我可能快要接近它了。

↑ 哥伦比亚叶螳（*Choeradodis columbica*）被我们的头灯吸引了过来

↑ 哥伦比亚叶螳是唯一一种能生活在 1400 米以上高海拔的叶螳，并且也是目前唯一已知和至少两种其他种类的叶螳有产地重叠的叶螳

果然，当我朝高处望去，在一片叶子的正面，静静地站着一只我熟悉而又陌生的螳螂。

即使把世界上所有的螳螂囊括在内，南美洲叶螳也始终是非常特别的一类螳螂。在大自然伟大的演化史中，螳螂目昆虫各显神通，占据了大量的生态位。倒挂成了螳螂们最喜欢的休息及狩猎姿势。而站在物体表面的，除了一些拟态落花、模仿树皮、伪装树枝的螳螂之外，模拟鲜嫩叶片的螳螂，并没有那么多。

从1995年开始，我就对螳螂这种生物有着近乎疯狂的痴迷，而南美洲叶螳也是我最喜欢的一类螳螂。自从2014年起，我几乎每年都要踏入南美洲去搜寻它们的踪迹。不为别的，只为能在野外一睹它们的芳容。

在南美洲地区总共分布着5种叶螳，三天前在Mindo发现的菱颈叶螳，则是相对比较常见而且比较被大家熟知的一种叶螳。而最为特别的，可能就属这种哥伦比亚叶螳了吧。它们只分布在安第斯山脉西侧海拔1200～1600米的山地间。但凡海拔低一点，就找不到它们的踪迹了。而但凡海拔高一点，由于过于寒冷，也就很少有螳螂能够在那里出现了。

其实，很多动物在中美洲到整个南美大陆都有分布，比如红尾蚺、玻璃蛙、巨嘴鸟等很多大家耳熟能详的动物。但是，当我们细细研究它们时才会发现，这些物种都是属而不是具体的物种。

这些属之中，分布在中美洲的属与分布在南美洲的属有着比较明显的区别。造成这些类群区别的最大分界线就是由北向南贯穿整个南美大陆西侧的安第斯山脉。这道山脉的最高处平均海拔超过了5000米，是一个完美的天堑，也是生物意义上的地理隔离。

在数千万年前的演变之中，安第斯山脉阻隔了东西两侧物种之间的基因交流。尽管两侧有着相似的高山云雾林、平原热带雨林，但是地理上的隔断加上千万年的演化，让两侧的生物渐渐地出现了差异。哥伦比亚叶螳的特殊之处也在于此。

在多年的南美洲探索中，我一共寻找观察到了四种叶螳，记录并且大致掌握了它们在野外的分布与习性。这次在安第斯山脉西侧Mindo见到了菱颈叶螳、在安第斯山脉东侧见到了亚马孙的菱叶螳与斯氏叶螳。

而这次我们发现的哥伦比亚叶螳正好就夹在这几种叶螳分布的中间。也许我们能从它的背后窥探到安第斯山脉与物种之间那浩浩荡荡的生物演变史。我曾经在网上疯狂地搜寻它们的信息，最后发现，哥伦比亚叶螳与菱颈叶螳在哥伦比亚的安第斯山脉地区有重叠的生态环境。当然，这就跟我在本书开头提到的一样，那边也是唯一的几个可以让安第斯两侧活动性不强的生物基因交流的"窗口"，但是具体它们之间存在着何种联系，还需要以后不断地探寻。

"快把网给我！"我几乎是咆哮着向辰麟吼道，他马上递给了我一根三米长的网兜。但是要够到那只叶螳还需要想办法再靠近几米。于是，我扒拉着树枝，尽管穿着洞洞鞋，我却依旧如同猿人附体一般，爬到了树上，把叶螳网了下来。

获得了哥伦比亚叶螳后，我终于观察到了四种南美叶螳。

我自认为是丛林徒步永动机，于是，我决定去亭子左侧的丛林看看。亭子位于保护站观景台的左侧，在其角上有一条通向林中的小道。由于前一天晚上的集体迷路事件，我也不想把自己折腾得太累，所以我在出发之前详细地看了看苏马科保护区的所有徒步路线。

虽然，看完徒步路线图的第一反应是，要想全部走完可能至少要在这住一个月的时间，但是，考虑到大多数的路线无非也就是原生林和次生林互相交错，生物整体上是差不多的，也没必要每条路线都走一遍。

进入丛林中，很快我便发现了一些以前见过的拟态苔藓的螽斯。苔藓可以算是森林中最为常见的植物，它们无论在地上、岩石上还是树干上，都能够茂盛地生长着。既然苔藓多了，昆虫们也自然而然会更倾向于去拟态它们来躲避天敌。

说到拟态苔藓，竹节虫自然也是当仁不让的主角。世界上大多数的竹节虫都以拟态树枝为主，这也是它们名字的由来（英文"Stick insect"，中文"棍子虫"）。既然树枝上可以爬满苔藓，那么，竹节虫也不会让自己与环境脱节。

我一个人继续在丛林里走，脚踩在地上的落叶发出"咔嚓、咔嚓"的响声。我期待着能找到昨日发现的哥伦比亚叶螳的雌性，那将会是我里程碑式的记录。不过，我一直保持着平和的心态，因为我明白，当你越是追求某一个物种时，那个物种就越难出现。在我多年的野外观察中，这种感受最为深刻。我现在需

↑雄性的苔藓螽斯（*Championica pilata*）

↑雌性的苔藓螽斯（*Championica pilata*）

↑竹节虫（*Trychopeplus sp.*），这种属的竹节虫天生就是为了拟态苔藓而生。分布在美洲的高海拔热带雨林内的它们，给人一种神秘莫测的感觉

要做的，只是欣赏着每一个出现在我眼前的物种。

　　正在观察时，我发现左手边的矮树上似乎有什么东西，我掀开叶片一看，居然是一只只有鸡蛋大小的小鸟。因为我的靠近，小鸟睁开了眼睛，但是它并没有飞走，看来还没有完全清醒过来。我靠近它，试图凑得再近些。

　　这是一只蓝腰侏儒鸟，它缩成一团，可爱的样子让人忍不住想去抚摸一下，不过我克制住了。鸟类非常害怕大型哺乳动物，一旦人的气味粘上它的身体，或者使它出现应激反应就不好了。我拍完照片，悄悄地后退离开。

↑ 蓝腰侏儒鸟（*Lepidothrix isidori*），主要生活在安第斯山脉地区，体长不超过8厘米

↑ 拟态蜂类的飞蛾（*Cosmosoma flavothorax*）

↑ 眼睛很酷的蜥蜴（*Gelanesaurus flavogularis*），这是一种只分布在厄瓜多尔的蜥蜴

↑ 当我正在拍摄这只"*Oxydia sp.*"的时候，右下角的这只"蟑螂"引起了我的注意。不过当我仔细看清楚时，发现它居然是一只拟态萤火虫或者蟑螂的飞蛾（*Cratoplastis diluta*）

↑小全拍到的银河

这一条保护站中的道路并不长，算上中间拍照的时间，我只花了半个小时就从丛林中出来了。在小道的末端处，我远远地就看到叶片上有一只蜥蜴。

我回到灯诱的亭子附近，看见白色的布上再一次被虫子铺满。

直到午夜十二点的时候，我才想起还在拍摄银河延时的小全。我便来到生物研究站，看到他独自一人躺在地上。

"你不冷吗？"我问小全。

"确实差点冻死我。"小全的声音充满疲惫。

"让我看看你拍到了什么？"我走上去打开相机看着。

"没有好的前景，而且银河的位置也不是很好。"小全抱怨着。

"先去睡吧，我发现了一个好地方，睡醒，我们去拍日出。"

于是，我们回到保护站宿舍，昏昏睡去。

凌晨四点，我们醒了之后，来到白天 Carolina 带着我们寻找蜥蜴的地方。沿着路继续向山下走五分钟左右，有一处观景台。尽管现在天还是黑的，但是我们已经能通过夜色看到远处的火山口。

"这个位置比我们拍日落的那个位置要好得多呀！"小全说。

"是呀，这个点位我们下午居然没有发现，有点可惜，不过一会儿看看，日出应该很震撼。等下！这是啥啊？"说话间，我看到旁边的地上有一个黑亮黑亮的物体。

打眼一看，我并不确定它是活的还是死的。直到它开始缓慢移动之后，我才明白，这原来是一种南美特有的巨大涡虫。

↑南美特有的涡虫（*Pseudogeoplana sp.*）

我坐在观景台的长椅上，这椅子年久失修，木质的椅子脚看上去已经软下来了，感觉随时都会倒塌似的。

不一会儿，晨光从火山的右侧开始洒进来，前面的茂密热带雨林衬托着几乎是寸草不生的火山顶，荒漠与茂密丛林的强烈对比震撼人心。

我静静地望着火山的日出，这是我第一次欣赏如此美妙的风景。绝美震撼的画面使我的内心异常宁静，我从心底里感恩这来自大自然的馈赠。

手中的相机快门几乎没有停过，生怕错过这座美丽火山的一切。直到太阳完全升起之后，我们才恋恋不舍地离开观景台。

我把昨日中午拼好的金刚鹦鹉放在了保护站餐厅的书柜上，Carolina 不停地对我表示感谢。

"Jason，太感谢你们了，我能感受到你们非常喜欢这个地方，也很喜欢这里的动物们。"

"不客气，事实上我非常感谢你们能够打造出这么一个观察动植物的天堂，我很享受在这里的每一天。"

在火山上的两晚终究是要过去的，当我把最后的一件行李塞进汽车的后备厢时，我又回头好好地看了看这个令人难忘的保护站。苏马科火山，我以后还会再来的。

火山日出

↑和苏马科保护站的小蜥蜴告别

我们四人艰难地挤上小车,点火,出发。这辆不是越野车的可怜小车又开始了它的丛林穿越。

Day6

森林正在变得越来越干燥

告别了苏马科火山之后，我们顺着E20公路向西驶去。在E20与E45的交汇处，有一个巨大的雕像，由两个印第安人和一只金刚鹦鹉组成。雕像就在三岔路口的中间，过往的车辆都可以清楚地看到它。

↑十分有印第安特色的雕像

不知为何，看到这样的场景总会让我很感动。厄瓜多尔人民真的非常热爱他们自己的土地，并且也因此而自豪。

古老的印第安人比其他人更早来到南美这片土地。尽管在时间的长河里他们经历了很多，如今在这片土地上，他们依旧是真正的主人。奇布拉族（Kichwa）是厄瓜多尔最大的印第安人族群，虽然他们中有许多人已经和外来人种通婚，但是他们依旧保留着许多自己的文化与传统。

↑道路两侧的植被都很茂盛，蔓绿绒（*Philodendron roseocataphyllum*）更是野蛮生长着

↑从直线距离 30 公里之外的路边望去，依旧能看到苏马科火山

　　汽车向着南方行驶，E45 与 E20 相比是一条更加平缓的道路。此时，海拔已经下降到 1000 米左右，山坡也没有之前那么陡峭。随着海拔变化，我们第一次感受到了南美洲的炎热。在强烈的阳光照射下，沿着马路行驶的时候，我能明显地感觉到我们距离亚马孙平原越来越近了。我向后侧方望去，依旧能看到矗立在平原之上的苏马科火山，即使我们已行驶了两个小时，却还能看到它在远处，仿佛在与我们告别一般。

三月开始，很多候鸟就不再来了

前方进入了特纳（Tena），一个很小却人丁兴旺的城市。街上人来人往，街边的小店站满了来往的人们。谢天谢地，我们居然找到了一家华人餐厅。对于已经吃了好几天厄瓜多尔当地菜的我们来说，已经期盼来自祖国的美食许久了。

我们走进餐厅，餐厅的老板是一个中国人，十多年前就来到了厄瓜多尔。他告诉我们，特纳作为一个亚马孙丛林城市，远离了城市的喧嚣，晚上7点就要关门。午餐非常丰盛，一盆牛肉炒饭就几乎把我们四人全部塞饱，而接下来的炒牛肉与炸鸡，则好好地填补了过去五天的饥肠辘辘。

←特纳（Tena），城市虽然比较破旧，但是人来人往，很热闹

　　特纳河是纳波（Napo）河的支流之一，这里因为河道宽阔，靠近平原，白天的天气炎热异常，颇有国内江南地区夏季酷暑的感觉。在穿过一座大桥之后，我们左转沿着特纳河继续行驶。海拔不断在下降，已经到了 400 米。道路两侧是低矮的平房，可以看到一些厄瓜多尔的孩子会集在一起，他们似乎准备要开始举办一场球赛。

↑特纳河（Rio Tena）是厄瓜多尔亚马孙地区重要的河流之一

在沿着河岸行驶了一小时左右，我们来到了 Jatun Sacha 生物研究站。

Jatun Sacha 是当地奇布拉族的词语，意思为"很大的丛林"。2019 年，我曾经在这短暂地停留过 5 小时。我依旧记得这一片巨大的丛林，5 小时只能探究它不到百分之一的容貌。

汽车停在了 Jatun Sacha 的门口，一块光秃秃的土地上。

"Jason，快看！这是切叶蚁！"先下车的辰鳞对我说。

我和小亮老师也迅速下车，在车辆前面果然行走着一队"叶子"，这些叶子排成一条长龙，像是一个小小的军队。仔细一看，原来是一队蚂蚁扛着这些叶子正在行走。

↑巨首芭切叶蚁（*Atta cephalotes*）

前方是两个蓝色的小屋，房子上涂鸦着箭毒蛙与金刚鹦鹉。小屋中间是通向保护站内部的路，从里面传来了锯木头的声音。我寻着声音走进去，发现一个中年男子正拿着电锯费力地锯着一棵巨大的树。现场一片狼藉，树干的周围是数不清的细小树枝，把地面都铺满了。他看到我，停下了手中的电锯，一起停下的还有那震耳欲聋的电锯声。

"Alex？"我询问道，在来到预定的保护站之前，我曾经试图联系过他。

"是的，是的。"他腼腆的用西班牙语回道。

↑简单的木屋，就是我们睡觉的地方，晚上看着还挺阴森的

Day6 森林正在变得越来越干燥

由于语言不通，我们只好边说边用手比画着。Alex 喊来了一个帮手，帮我们把行李扛到了一个小山坡上。小山坡的上面是三间木屋，其中两间是宿舍，一间是吃饭与洗澡的地方。我来到宿舍，看着其中一个床上的死蝙蝠，咽了咽口水。

当然，来之前我们已经做好了心理准备。既然是来丛林探险的，能有地方住已经是上天的恩赐了。想着这次旅行的后面几天我们可能需要睡在野外，我安然地将行李放下，来到山下的蓝色小屋前。

Alex 正坐在大树边上休息。我这才发现大树的树干正好砸在蓝色小屋的前方。看上去并不是 Alex 锯倒的，而像是这棵树本身就倒在这里。我拿出手机打开翻译软件问 Alex："这棵树发生了什么？"

Alex 看着手机，笑着说了几句话。几句西班牙语在翻译软件的努力下，跳出了下面的中文："这棵树是被风吹倒的。"

"怎么会这样？这棵树看着很健壮，怎么就倒了？"我好奇地继续追问。

"现在风很大，就在上周的晚上，它被风吹倒了。"

Alex 随后拿出了他的手机，打开了一个监控视频。黑白色的画面正对着原本整洁的餐厅，随后一阵巨响，画面一片雪花。我知道，这是大树倒下来的瞬间。

我呆呆地望着视频，艰难地问："因为现在是旱季，以前发生过这种事吗？"

Alex 无奈地摇摇头，继续说道："没有，森林和以前不一样了，森林现在很干燥，气候正在变暖。"

我看着他，Alex 依旧笑着，只不过我发现那是很无奈的笑。

气候变暖，这是我上学时就经常在耳边响起的词语。那时候的我，觉得气候变暖距离我很遥远，可能需要几百年后才会真正影响到我们。

然而，仅仅过了短短十几年，身边的气候就发生了巨大的变化。极端天气经常出现在新闻中，似乎已经见怪不怪，今天不是这个地方山火爆发，明天就是另一个干旱的地方遇到了洪涝灾害。四年前，亚马孙丛林的山火进入了大家的视野。当时的我也在网上课堂科普亚马孙的山火危害。当热度过去后，大家对亚马孙的火灾也就没有太多的关注。

↑ Alex 向我展示监控录像中，大树倒下的一瞬间

↑ 倒下的大树把原本的餐厅区域砸得支离破碎，现场一片狼藉，看得让人好心疼

然而，现实是丛林大火正逐年严重。

"从三月开始，很多候鸟就不再来了。"Alex看我思绪飘远，又对着我的手机说了这句话。

我看着他，一时语塞。想起刚才在上小山坡时，明显感觉有点不对劲，现在我终于醒悟——干！太干了！

热带雨林中的地表因为湿度很大，常年以来基本都是湿漉漉的。但是这一次，我踩在地上，发现满地都是干燥的落叶，踩上去嘎吱作响。

"已经连续三个星期没有下雨了。"Alex好像看穿了我的心思，说道。

三个星期没有下雨？开什么玩笑！

我知道亚马孙雨林，即便是旱季，也是几乎每天都能见到雨水。强大的对流在下午时经常能带来一场酣畅淋漓的降雨。可是我回想起了这次来南美的几日，居然一场雨都没有下。原本后半夜整个丛林都会变得湿漉漉的，而如今，丛林里看不到一滴水。

Alex摊了摊手，无奈地笑了笑，拿起锯子继续去锯那棵把餐厅砸得面目全非的大树。

倒塌的大树，板根的原理

我站了起来，准备去丛林里走一圈。

此时的天色还比较亮，我想趁着白天时分探一探这里的地貌，核心在于找到那些河道。我不止一次在丛林里迷路，最后基本都是靠着河道的指引走出来的。当然，这些说是河道，其实都是雨水冲刷形成的沟壑。在大多数的时间里，由于亚马孙常年的降雨比较固定，所以这些沟壑中一般都是有流水的。不过很显然，这次我没有看到一丁点的水。

沟壑中，要么没有水了，要么只有这么一点点水

丛林里有很多的树木已经倒了，曾经的树冠层如今躺在地上，很明显，这都是风的杰作。

↑雨林中倒下的大树

风把树刮倒？其实是一个很魔幻的事情。分析原因有二：

一是，热带雨林的土壤层并没有想象的那么养料充分，事实上，这里的土是相对比较薄且贫瘠的。热带雨林有着比较多的降水量，每年基本都要超过 2300 毫米。大量的降水会带走土壤中的大部分颗粒，所以，土壤层是没有办法长期累积那些养分的。就像我曾经在饲养绿植的时候注意到，那些富含营养的土大多数都来自寒带地区。

二是，让土壤层比较贫瘠的原因是高速的养分循环。那些腐烂掉的"肥料"因为身处温度较高的雨林中，有机物会迅速被微生物分解，而这些养分又会迅速地被现有的植物吸收、循环、利用。最后我们看到的是，在雨林的地表，土壤营养还能算是非常丰富，但是往下挖二三十厘米，土壤就变成了黄土，非常贫瘠。

在如此单薄的土壤层下，雨林中的大树们走向了不一样的生长方向。它们的根系都非常的浅，甚至有很多的根系都裸露在空气中，成为丛林中鼎鼎有名的板根。

这些根系暴露在空气中，可以很好地获取空气中的氧气。并且，这些根系还能在地表获取更多的营养物质。当然最重要的一点是，板根的形态可以很好地帮助大树固定在路上，就像是一个三脚架一样，支撑着大树站立在平地之上。

在亚马孙丛林中，许多大树都能长到五六十米高，可以说是名副其实的参天大树。在

←巨大的板根是各种其他生物的天堂，在丛林里，板根本身就能算一个微循环的生态系统了

→板根结构在丛林里随处可见

　　雨水充沛的时间里，这些高耸入云的大树可以很好地扎在土中而不被风吹倒。但是一旦出现如今我们遇到的极端气候，板根所带来的支撑就会失去作用。这时候只要风足够的强劲，那么一棵生长了几十上百年的树可能就会瞬间轰然倒塌。

　　一鲸落，万物生。一个巨大生物的消亡，往往能滋养千千万万的小生物，倒下的树木也是如此。但是，这一切都应该建立在自然状态下，而不是像现在这样，一棵树接着另一棵树地倒下。

　　整个丛林一片狼藉，尽管倒下的树会给林下底层的植物让出更多的光照，带来更多的养分，但是如果树木倒下得过快，没有了树冠层的遮风挡雨，许多动物也将失去家园，许多喜阴的植物也会因暴晒而死去。

↑雨林中的树一般都长得特别高，它们在高空中除了要为下面的喜阴植物挡住阳光的暴晒，还需要抗住地表强劲的风。如此高的树，受到的风力也会特别强。由于杠杆原理，一旦地下的根系吃不住劲，整棵树就会轰然倒塌

Day7

惊现成年彩虹蚺

大约六点钟，天刚刚黑下来，晚餐依旧是简单的牛肉和米饭。Alex 看来并不擅长做饭，不过既然都在雨林中，我们还奢求什么呢。算上在飞机上的两天，这九天以来好像我们从来没有停下过脚步。每天不是在赶路，就是在前往赶路的路上。

好在木屋就坐落在丛林中间，向着任意方向走十几米就可以进入丛林。

←丛林中的小木屋，周围就是茂密的丛林

晚餐的地方在山脚，其实就那个已经被大树毁灭掉的前台厨房。从那边走到我们住宿的木屋，需要走一段大约二百米、近乎于垂直的山路。山路的两侧同样被浓密的丛林覆盖着。解决掉晚餐后，顺着这条山路慢慢往木屋走，也算是餐后的散步了，而且路上还都是惊喜。

果然，就在我们准备上坡时，路边的几个八爪怪已经出没了。

"鞭蛛！小亮哥，这小东西不错！"

"嚯，这东西我喜欢！"小亮老师看到鞭蛛也异常兴奋。鞭蛛的体型很大，加上夸张的造型，在影视作品中经常被用来当作恐怖生物。

"快看！这还有个树蛙！"我手头的鞭蛛还没放下，目光就被左手边灌木上趴着的一只树蛙吸引了过去。这只树蛙眼睛很大，通体翠绿，唯一美中不足的就是瘦得有点皮包骨头。

向着山坡上走去，这一次饭后散步还真算是收获颇丰，我又发现了一只枯叶螽斯。尽管已经拍过很多次它的亲戚，但是还是忍不住要再度欣赏一番。

尽管这边已经接近平原雨林了，但是依然保留了许多山地，所以在丛林中不至于总是碰到水道而无法行走。白天火辣的太阳让整片雨林显得闷闷的，而进入夜晚之后，凉风吹来，实在是让人感觉无比舒服。

"Jason！快醒来！"

我在梦中，迷迷糊糊地感觉好像有人拽了我一下。

"快点，有一条蟒蛇！"声音就在我的耳旁。

我费力地睁开眼，连续几日的奔波，

↑ 巴氏异蟾鞭蛛（*Heterophrynus batesii*），在丛林中的一些裸露的土坡上比较容易发现它们的踪迹。白天，它们会躲在这些土坡的洞穴中，晚上出没。另外，大树的板根上也很容易发现它们

↑ 我们人手一只鞭蛛，玩得好开心

↑ 虎纹猴树蛙（*Callimedusa tomopterna*），是生活在亚马孙山地的一种中小型树蛙

Day7 惊现成年彩虹蚺

↑ 我忍不住把它拿到手上，因为是旱季，树蛙并不活跃，所以在我的手上也没有跳走

↑ 枯叶螽斯（*Typophyllum morrisi*），它甚至模仿了叶片被昆虫咬破的缺口

使得我筋疲力尽，我的体力已经完全没有办法和四年前相提并论了。我记得我只是想稍微睡一小时来着，没想到已经睡到了凌晨两点。

"Jason，有一条蟒蛇，在那边的林子里！"这是小全的声音，他激动地向我吼道。

这时候，我已经清醒了，我马上从快要发霉烂掉的床上坐了起来。

南美不可能有蟒蛇，那是分布在旧大陆的蛇。但是我已经基本知道他说的是什么了。

小全对蛇类并不是很了解，这很正常，大多数人对蛇有着恐惧感。这并不奇怪！我们人类从老祖宗走到今天，早就对那些潜在的危险和威胁有着天生的恐惧反应。蛇，作为捕食者以及部分种类携带毒性，自然很容易触发我们身上的恐惧感。并且在很多文学和影视作品中，蛇往往都被描述成一种充满恶意和危险的生物。所以，许多人自然而然地谈蛇色变。

不过，我是个例外！我对蛇不但有着强烈的兴趣与好奇心，甚至还曾经饲养过许多蛇类宠物。小全自然知道我的这个爱好，他作为一个害怕蛇的普通人，看到蛇之后马上就跑来通知我。

此时，我大概已经知道是什么蛇了，在美洲，常见的大型蛇类无非就是各种蚺蛇，比如红尾蚺、树蚺，都是我曾经观察并且记录过的美丽蛇类。

我赶快下了床，"快带我过去！"迫不及待的心已经燃了起来。

"不是蟒蛇，这里的应该是蚺蛇，我猜是一条红尾蚺吧！"我边跑，边和前面带路的小全说道。

我们沿着土路向着山下走去，道路的两侧都是陡峭的斜坡，左边是从山上下来的坡，右侧通向山脚。走到土路的拐角处后，小全跟我说："就在这里。"

我望去，并没有所谓的"蟒蛇"。

"刚才我从下面上来，就在这个拐角上，它突然立起来，吓我一跳！"小全解释。

我知道，如果蛇突然有所反应，也可能是被小全吓到了。一人一蛇互相吓唬了对方。

"没事，它可能跑了，应该跑不远。"我安慰道，说完把头灯戴好，四处搜寻。

夜晚的丛林并不安静，鸣虫的歌唱声从四面八方传来。我看向周围的地面，脑海里是巨大的红尾蚺的身影。

突然，我发现前方的树干上盘着一条蛇，红黑色的花纹包裹着它的身体。在我的头灯照射下，它的体表反射着彩色的光芒。

这是一条成年的巴西彩虹蚺！

我不知道该如何形容我兴奋的心情，我来到树干的边上，仔细端详着这条如同宝石一般的美丽大蛇。它的身长约1.5米，很显然已经成年了。

"彩虹蚺！这可太帅了！"我激动地和小全说。

↑ 发现西部彩虹蚺（*Epicrates cenchria*）

↑ 不管三七二十一的我，上去把彩虹蚺拿了下来

Day7 惊现成年彩虹蚺

但是小全却露出了一脸茫然。

"好像不是这条，这条也太小了一点，我刚才看到的蛇比这大多了。"他嘟囔着，似乎也并不确定到底是他记忆出现了偏差还是如何。

"你看到的那条蛇是什么颜色的？"我问道。

"有点深绿色和黄色在一起的，我被吓坏了，所以没有看清楚。但是比这条大多了，这条好小。"

我看着已然成年的彩虹蚺，这已经是一条名副其实的大蛇了。要是比这条蛇还要大很多的话，那么只有一种可能，小全看到的可能是森蚺，全世界最重的蛇，体型可以长到5米。再加上小全的描述，正是森蚺的体色特点。

"我估计是一条森蚺！刚才你在哪儿看到的？"

小全指了指我脚下，说："就这边，刚才我这一上来，它突然一下，哎哟，吓死我了！我就马上冲上来喊你了。"

我看着我脚踩的地方，意识到应该是森蚺先被小全的灯光吓到，突然做出了攻击的动作，然后吓到了小全。

"我们快在周围找找，他很有可能就在附近，走不远！"意识到可能是一条森蚺之后，我更加兴奋了，于是我提议和小全在丛林里分头寻找。

当然，就像我之前提到的，当你越想找到一种生物时，现实往往越会令你失望。我们忙活了好一阵，都没有新的发现。

"没事没事，有这一条彩虹蚺就足够了！我现在要上去把它拿下来，我们给它好好拍点照片！"我的兴奋劲显然还没有过去。

"行吧，那你小心一点。"小全拿起相机等着我过去。

"好重啊！这条真的好大！"我开心得像个孩子一样，就差蹦蹦跳跳了！

我开心地扛着红尾蚺跑到小亮老师的床前，把他摇醒。睡梦中的小亮老师醒来之后，发现了我肩上的这一条大蛇，也惊呼了一声！

"我把它放在我行李箱里，明早咱们好好给它拍点写真！你先睡吧，小亮哥！"我风风火火地又离开了木屋。

我想着白天和 Alex 的对话，亚马孙丛林是我从儿时起就非常向往的地方。如今这里逐渐干旱，我不知道雨水会在哪一天降临，我也不知道是否有一天这里会消亡，这些美丽的物种会一一离我们而去。但是我相信，人类和自然有一天一定能找到共存的办法。

Day8

星空之蛾与光明之蝶

清晨的 Jatun Sacha 丛林，并没有想象中的云雾缭绕。不过我也并不意外，接受了亚马孙丛林越来越干旱的事实之后，除了心痛却也做不了什么。我很难在这里去批判人类对自然做出的一些破坏。事实上，我现在所享受的物质生活，正是人类破坏自然之后带给我的。我在感叹南美牛肉物美价廉的同时，是成片的丛林被砍伐做成农场之后带给我的；我在享受着工业化时代给予我的电子产品，开着汽车，坐着飞机，甚至呼吸着新鲜的空气，这都是在地球上的自然资源燃烧中产生的。

我来到了厕所边上，其实，这很难说是一个正常的厕所，因为我并没有在这里如厕过。我接了点水洗了洗脸，看到右手边墙上的一幅涂鸦。

不对！这不是涂鸦，而是一只昆虫！

这是一只月燕蛾（Green-banded Urania），我并不是一个飞蛾类爱好者。但是在我们开发昆虫玩具产品的时候，选择了一款大蚕蛾作为主打产品。而在给大蚕蛾撰写相对应的自然课程时，我对飞蛾这一类昆虫做了一些小小的研究。

↑ 月燕蛾（*Urania leilus*）趴在厕所的墙壁上

最主要的无非就是，怎么去区分飞蛾和蝴蝶。在大多数情况下，这并不是什么难事。飞蛾与蝴蝶的触角形状、停歇时候的翅膀位置，以及昼夜出动的时机都有着非常明显的差异。但是，一旦我们通过这些外形去归纳昆虫，大自然便会欣然地赏赐我们一些例外。

月燕蛾便是其中之一，它实在是太美了，美到你很难相信这是一只飞蛾。

不要误会，这个世界上当然充满了美丽的飞蛾，只不过，月燕蛾太像蝴蝶了。

它在白天行动，这正好是大多数蝴蝶的习性。它的触角不是羽状的，而是长条状的，这又是蝴蝶区分于蛾子的一个特征。除了在停歇的时候，它的翅膀是张开的之外，其他的所有特征都和蝴蝶类似。

↑月燕蛾（*Urania leilus*）是一种日行性的飞蛾，是亚马孙丛林中最美丽的飞蛾

↑亚马孙丛林的树冠层相对比较稀疏，阳光总是能从侧面照进雨林

最令人惊讶的是，当我观察它的角度发生变化的时候，它身上的颜色也在变化！

"Urania"是这种蛾的属名，来自希腊神话，指的是一位古希腊女神。同时，这个名字也代表了天文学、天空和星星。我想，当初发现月燕蛾的人一定是看到这种飞蛾的翅膀颜色和星空如此之像，于是便赋予它这样美丽的名字。那么，我们就叫它星空蛾属可好？

相较于亚洲的热带雨林，我更喜欢在南美的热带雨林中行走。亚洲的热带雨林，树冠层的遮光能力实在是太强了，林下相对比较黑暗；而南美的丛林，当然林下也有黑暗的地方，不过因为南美的大树相对更加错落有致，所以阳光能够照射进来。在林下也就有了更多的阔叶植物和低矮灌木，这也为动物们提供了更多的栖息环境。

Jatun Sacha 保护区占地 35 平方公里，想要在两天之内探索这里的全部简直是天方夜谭。不过，在有限的时间内，我也想尽可能多地探寻一下这片美丽的丛林。

我们走进木屋后侧的深山中，茂密的丛林给我一种神秘莫测的感觉。最开始是一道长长的下坡，坡底是一条溪流，由于长期干旱的原因，溪流已经没有水了。溪流的对岸，一棵倒下了并没有多久的大树挡住了去路，我不得不停下脚步，掀开树枝，试图找一个能够钻过去的空间。树上的蚂蚁窝炸开了锅，无数的蚂蚁顺着树干爬到我的身上，狠狠地蜇我。我不禁头皮发麻，快速地跳跃着，甩掉了这些烦人的家伙。

这是一条巨大的环线，阳光透过树冠层的叶子洒落在林下。看来许多阴生植物也是能接受阳光的直射的。只不过多半发生在清晨或者傍晚，这时候的光线可以从错落的间隙侧面射入林下。而阳光最强烈的中午，则刚好被树顶的树冠层全部遮蔽。自然的安排是如此的美妙。

↑ 得伊达弥亚蓝闪蝶（*Morpho deidamia*），"Deidamia"是战神阿喀琉斯的母亲。这是一种较大的闪蝶，翅膀煽动十分有力。当它飞过时，你能感受到那种神圣的感觉

我走在一片空地上，突然，空中有一道亮丽的身影闪过，就好像有一颗晶莹的水珠，在空中闪耀一般。

我曾经无法理解蓝闪蝶的美丽，对我来说，它只是一种普通的蓝色蝴蝶。每当在电视上、网络上，甚至博物馆的标本展柜前看到它们，我完全感受不到为何这会被称为世界上最美丽的蝴蝶。也不明白为何当初在发现这些蝴蝶时，科学家们要用希腊神话中神们的名字来命名它们。

闪蝶（*Morpho*）的拉丁文属名来自希腊词语"Morphe"，而闪蝶下的几十个物种，全都用希腊众神的名字命名。Morphe 的意思是化身、变化的意思。在亲眼见到那个闪耀在空中的精灵时，我突然能够理解当初命名者们对这种蝴蝶的崇拜。希腊众神对于他们来说是神圣的存在，而这些蝴蝶就是诸神的化身。因为闪蝶在阳光的照射下，真的是在闪闪发光。

我追寻着闪蝶，等待它停下来。它在丛林间，闪烁着，摇曳着，最后飞向了树冠层。我望着它消失的地方，想着也许它是给我带来好运的蝴蝶呢。

从丛林回来后，我来到废墟一般的餐厅。Alex 已经给我们准备好了早餐，其实也就是几片面包而已。

"朋友，你看这个。"他递给我一个用杂草编制而成的袋子。

"你听树上的鸟叫。"他指了指餐厅后方高耸入云的大树。

我回头望去，树冠层距离我太远了，我什么也没看到，但是我听到了非常悦耳的鸟鸣。就好像手指突然从钢琴的键盘上划过一样，但是声音却浑厚无比。

"这就是它们的鸟巢。"Alex 指着我手上的这个大袋子说。

原来如此，在我们行驶的路上，能看到路边的大树上挂满许多这样的杂草袋子。在苏马科的时候，小亮老师就眼尖地说出这是一种鸟巢，但是并不确定是哪种鸟类。

"这种鸟叫什么名字？"我好奇地问 Alex。

"Oropendola。"Alex 说出了鸟的名字。但是不懂西班牙语的我甚至没有听清楚是怎么念的。不过好在 Alex 给我写下了这种鸟的拉丁文属名。

原来，这是一种拟椋鸟（*Psarocolius sp.*）。它是一种大型的黑色鸟类，有时候也被称为挂巢鸟。顾名思义，就是它们的巢穴是悬挂在大树上的，风吹过时就会随风摇摆。这类鸟通常都是以群落生活，一个群落可能有十几只甚至上百只鸟。这也难怪我们经常能看到一棵树上挂着几十个鸟巢。

这种结构的巢穴有一个很大的好处，就是猎食动物难以接近。在野外，偷蛋的"小偷"不在少数，昆虫、蛇，甚至猴子都有偷蛋的行为。而拟椋鸟选择在非常高的大树上建造这些挂下来的鸟巢，很大程度上防止了这些有可能伤害到鸟蛋和幼鸟的天敌。它们可真聪明。

↑ 棕鸟（*Psarocolius sp.*）鸟巢成群结队地挂在树梢上

这时候，小亮老师也从山上下来了。

"小亮老师，休息的够不够呀？"我打趣地问他。

"还行！"小亮老师的言语非常简洁，他看到了我手上的鸟巢。

"这个叫 *Oropendola*。"我模仿着 Alex 的语气说。

"就是咱们看到的那些挂着的鸟巢，这个鸟叫这个名字。"

"原来如此，看着还挺有意思的。"小亮老师拿起鸟巢端详起来。

←喜欢搞怪的我和一本正经的小亮老师

132　我在南美找虫子

吃完早饭，我拿着昨晚遇到的彩虹蚺放在丛林中的一根木头上，对着它连续拍摄了几十张照片。

"之前碰到彩虹蚺，就拍了几张，完全不够，这次可不能再后悔了呀！"彩虹蚺盘在树枝上，显得非常安逸。这里距离我们找到它的那棵树很近，于是我并没有继续打搅它，就把它放在了这里。

↑ 彩虹蚺是我在亚马孙丛林地区最喜欢的蛇类之一，它还是一个非常称职的模特

↑我们在丛林里拍完彩虹蚺之后，就把它留在了这里。下午再来时，它已经不在了，想必一定是回到丛林深处的栖息地去了吧

喜爱动物，但并不需要拥有它。只要把跟它有关的回忆带走，就足够了。

上午，我们在丛林中徒步的时候交流了一下亚马孙丛林今年的变化。

"其实，这边并没有真正的旱季，因为这边的旱季也是每天至少下一场雨的。"我边走边说，"可是我不知道为何今年那么干，你看，咱们在苏马科火山上，两天都没有下过一场雨。"

"为什么会这么干呢？"小亮老师问道。

"主要还是全球性变暖，咱们国内今年也有很多极端天气。"

↑丛林里明显可见的干旱

我们边走边聊着关于自然的一切。我一个人在丛林里走的时候，也会和自己说话。在大自然中，人很容易释放自己。是啊！人本身就来自于自然，如今我们从城市回归到自然中，自然就会无比的开心和放松了。

随后，我们被一个飘荡在空中的茧所吸引，它的上面有一根细线挂着。昆虫建筑师的技艺，在这种昆虫身上体现得淋漓尽致。

它的蛹被一个开放、通风的网笼包裹着，最下方有一个小孔，估计是羽化后钻出来用的。这种结构的蛹可以抵御大多数天敌的攻击。我曾经见过许多鳞翅目昆虫的蛹被蚂蚁"光顾"。用这种办法就能很有效地杜绝悲剧的发生。

←尾蛾科"*Urodidae*"的茧，真像是一件 3D 打印艺术品

→金蛛（*Argiope argentata*），这是南美特有的一种金蛛，它的腹部除了和大多数金蛛一样有横纹之外，腹部的两侧还分别有两对凸起

←花里胡哨的蚊子，某种巨蚊（*Toxorhynchites sp.*），这种蚊子并不咬人，所以也不会传播病毒。它们可以说是美洲最多彩的蚊子了

Day8 星空之蛾与光明之蝶

子弹蚁与斯式叶螳

保护站的伙食非常粗糙，一份米饭、一片被 Alex 烤的如同树皮一样的牛肉、一杯鲜榨果汁，这就把晚饭打发了。

正在我们吃晚饭的时候，我发现那棵倒下的大树上有一只很大的蜘蛛，看着并不像捕鸟蛛。

我凑上前去，仔细观察，那只蜘蛛可能感受到了危险，直接站了起来。

晚饭之后，每天的丛林徒步又开始了。

我小时候很喜欢玩一款游戏——口袋妖怪。在那款游戏里，我控制的小人需要根据剧情跑遍全世界所有地方，通过捕捉野外的野生妖怪来搜集图鉴，并且给它们练级、升级。据说，这款游戏的创始人田尻智就是根据童年时期在田野中寻找昆虫迸发的灵感。

↑ 可能是螯耙蛛科（Barychelidae）的一种蜘蛛

我在南美找虫子

每当我走入热带雨林，我感觉自己仿佛就是一个现实版本的游戏主角，在我的视角里，发现全世界的各色生物，体验这些生物带给我的快乐、悲伤，甚至痛苦。这些都是令人难忘的。

正当我们要出发的时候，在餐厅后方的一棵低矮植物上，我终于见到了我最喜欢的螽斯之一——一种巨大的南美拟叶螽。

"快来，快来，看看我发现了什么！"

在一棵孤零零的植物上，有一只巨大的蚂蚁正在张口威吓。

这是一只子弹蚁，说起子弹蚁，我有一个有趣的经历：

9年前的我还是一个初出茅庐的小伙子。在哥斯达黎加之行的最后一晚，我独自一人行走在Limon山区附近的Vergua Rainforest保护区中。这是一片原始森林，不过并不属于无人区，

↑拟叶螽（*Cycloptera arcuata*）是南美地区拟态嫩叶子最成功的螽斯之一，它们的拟态技巧非常高超，而且随着个体的老化，它们拟态叶片的翅膀也会如同真正的绿叶一样老化

↑一条美洲钝头蛇（*Dipsas sp.*），主要以蜗牛之类的小昆虫、小动物为食。但是在野外，我一般不会上手那些不百分之百确定的蛇，毕竟小心驶得万年船

↑个体老去，它身上的翅膀也会随之变得斑驳，甚至连破损处都如真正破损的叶子一般

↑亚马孙鞭蛇（*Chironius exoletus*）也是一种无毒的蛇

Day8 星空之蛾与光明之蝶 137

↑ 子弹蚁（*Paraponera clavata*），是世界上咬人最疼的蚂蚁。它所造成的疼痛感主要来自于两点：一是它那巨大的颚，二是它强烈的毒性。子弹蚁的毒性被称为多肽（*peptide toxin*）的化合物，其中最主要的成分是一种名为噬肌神经毒素（*paralyzing neurotoxin*）的物质。这种毒素能够干扰和抑制神经系统的正常功能，导致剧烈的疼痛和其他身体反应

↑ 小心西貘

山里稀稀拉拉的有几户村民。当时的我，穿着一双夹脚拖鞋在山里行走。我一边小心翼翼地探寻，一边寻找叶螳的踪迹。突然，一阵痛钻进我的脚掌，随后如同电流一般贯穿我的全身。我打了一个激灵，第一个反应就是怀疑自己被蛇咬了，只有蛇才会给我如此巨大的疼痛感。当时的我身处深山老林之中，去最近的医院也要四五个小时。我心想：我这辈子可能完了。

在我把脚抬起来查看的那两秒内，我脑海里把我的整个人生回顾了一遍，心脏如同打鼓一样"怦、怦、怦"直跳。当我看到脚上原来是两只巨大的子弹蚁时，我的心情稍微平复了一些，不过身体并没有因此而放松。

子弹蚁作为世界上咬人最疼的蚂蚁，除了它巨大的口器之外，腹部的针才是致命武器。强大的毒素使我的整条右腿都处于酸麻发胀的状态，被咬的地方就好比被一根烧红的铁棍扎在脚掌里搅拌一样。我不得不卸下所有的装备，在路边静坐了至少半小时，我的右腿才慢慢恢复了知觉。

子弹蚁的另一个令人恐惧之处在于，和其他蚂蚁不同，它们并不是一种成群结队的蚂蚁，它们经常稀稀拉拉地散落在丛林的各个角落。有的在头顶的藤蔓上，有的在身边的树干上，最常见的还是在地面上。这种散布方式让它们变得难以寻找。

虽然子弹蚁的个头很大，但是随机出现让人防不胜防。如果我钻进丛林，它从我头顶的叶子上爬到我脖子上，咬我一口，那后果就不堪设想了。

告别了子弹蚁，我们继续前行。在

密林最深处我们发现了一块路牌，路牌上写着一句很有意思的话：小心西貒。

我看着这块路牌，陷入了深深的回忆：

那是2019年，在探寻南美洲丛林的第一夜，我和一位好友来到此处。就在这块路牌右手侧进去一百米左右的地方，我们遇到了西貒的袭击。西貒作为猪的"亲戚"，长得很像，不过两颗獠牙看上去异常凶猛。西貒的食性比野猪更杂，甚至喜欢吃肉。在北美洲，西貒作为丛林中的小霸王，经常会把美国人饲养的狗偷出去吃掉。我很难想象它们怎么会有如此大的力量。

这次，我们一共四人，应该不会再害怕西貒的攻击了。我从地上拿起了一根树枝，想着要是西貒再来，我可是有防身的武器了。

不过，西貒并没有在这里出现，这也正常，作为活动范围极大的哺乳动物，它们可能出现在丛林里的任何地方。想起前一天错过的森蚺，可能就以西貒这样的大型动物为食物吧。

我们顺着路牌向里走去，这时，一只蝴蝶被我们的灯光惊醒，围绕着我们开始飞舞起来。

"是蓝闪蝶！"我惊叫道。

我不知道为什么看到蓝闪蝶会如此兴奋，也许是白天的那只蓝闪蝶又回来找我们了。

我们立刻站定不动，等待着蓝闪蝶停下来。但是蓝闪蝶也许是被我们的头灯惊吓到了，一直疯狂飞舞，最后消失在了夜色之中。

好吧，既然它不做停留，那么我们也无法强求。我们准备继续前行，这时，我

↑ 斯氏叶螳（*Choeradodis stalii*）正在吃一只蚂蚁

↓ 斯氏叶螳的警惕性很高，丢掉了"手"上的食物，然后身体紧贴着叶片，开始进行拟态动作

看向我的左手边。

"天哪！这里有一只叶螳！它在吃东西！"我尖叫起来。

斯氏叶螳是我来亚马孙丛林必须要经历的一种螳螂。十年前，网络上关于叶螳的信息与照片都非常少。还是个毛头小子的我几乎把所有网站上关于叶螳的信息搜刮得一干二净。斯氏叶螳是当时为数不多的照片中比较清晰的螳螂种类。它的背板呈现一种类似五角星的五边形，所以也有一些爱好者称其为"五星叶背"。

这是小亮老师第一次在野外看到拟态中的叶螳，他也很开心。我们凑近观察，发现它正在进食的食物有点特别。

"天哪！它在吃一只子弹蚁！"我尖叫起来，跑到叶螳的后面。

就在这天的中午，我们还在讨论到底有哪些动物会吃子弹蚁，毕竟像子弹蚁这么凶狠的昆虫，吃进去的感觉会不会像是在吃辣椒一样。没想到，当晚就见到了大自然中神奇的一幕。

在自然界中，吃蚂蚁的动物并不多见。除了我们常见的食蚁兽之外，大多数动物对蚂蚁都选择"吃不起我还躲不起"的心理。这也导致了有许多弱小的昆虫干脆拟态蚂蚁来躲避天敌的攻击。

螳螂目 2000 多种的螳螂里，大多数都是不吃蚂蚁的。很大一部分螳螂没有办法接受蚂蚁的蚁酸。大家熟知的以蚂蚁为食的螳螂主要由攀螳科的螳螂组成，其他大型螳螂几乎没有见到有捕食蚂蚁的行为。这次遇到的场景真是刷新了我的认知。也许，生物为了寻找出路，比我们想象的要强大得多。

不过当我的兴奋劲过了之后，我发现它吃的也有可能是另外一种猛蚁。

我站在叶螳边上，向小亮老师滔滔不绝地讲述着我知道的关于叶螳的一切。当然，这只可怜的叶螳也许这辈子都没有遇到过如此庞大的阵仗，吓得直接扔掉了手上的子弹蚁。为了补偿它，我抓了一只蠡斯，郑重地送到了它的"手"里。

孔雀蠡斯

等我们回到了木屋附近时，天色尚早。

我看了看时间才晚上 11 点，对于曾经的我来说，夜晚是一天的开始，毕竟大多数的昆虫还是喜欢夜晚出来活动的。于是我决定继续前往丛林深处。

从找寻动物的角度来讲，虽然说守株待兔是一个不错的选择，尤其是现在我们就住在丛林里，但是扩大徒步的范围，才是最有效的探险方式。

我的腿被白蠓（*Ceratopogonidae*）咬过后，瘙痒无比。白蠓是一种分布在热带雨林的白色小飞虫，喜欢生活在潮湿的地区。它们咬起人来可以说是毫无道理可言，如同千军万马一般疯狂叮咬。而我又非常配合地穿着短裤、短袖、洞洞鞋，自然就成了它们攻击的对象。

前文说过，我穿着短裤，不是因为我不怕蚊虫叮咬，而是因为我的皮肤比较敏感。此外，对我来说，被蚊虫叮咬也算是丛林体验的一种吧。

走着走着，我突然发现在我左侧的一棵大树下的草丛中，好像有一只巨大的蜘蛛在叶片上。我跑近一看，是一只成年的粉趾捕鸟蛛。捕鸟蛛并不捕鸟，更多的是以各类昆虫为食。偶尔有一些大型的捕鸟蛛可以捕食一些小型的哺乳动物，比如鼩鼱之类的。它们不会编织巨大的网，只是用蜘蛛丝做一个小小的洞穴来藏身。

捕鸟蛛根据习性划分，大致可以分为树栖捕鸟蛛和地栖捕鸟蛛。地上的捕鸟蛛大多喜欢挖洞，然后躲在里面，只有在夜晚时分才出来；而树栖捕鸟蛛更多的是躲在树上，它们会把两片树叶用蜘蛛丝连接起来，躲在其中，或者在树上找一片苔藓，从缝隙处钻进去。总之，它们的藏身之法五花八门的。

另外，捕鸟蛛出现的地点也相对比较随机，在哪里都有可能找到它们。我曾经在木屋附近看到过不少捕鸟蛛，这次算是第一次在丛林深处的树叶上看到。

我来到这只捕鸟蛛旁边，对着它拍了许多照片。它可真是一个优秀的模特呀。

告别了捕鸟蛛之后，我继续向前走。随即，一根树枝上的一片落叶又引起了我的注意。我靠近一看，好家伙，这落叶怪不得长得有点规矩呢，原来是一只旌螳，也叫南美枯叶螳。

这是一只雌性的成体旌螳，正在腹部反向弯曲散发着信息素，吸引附近的雄性前来交配。

在感受到我的靠近之后，它伸长了前足，让自己从形态上看更像一片挂在树枝上的枯叶。

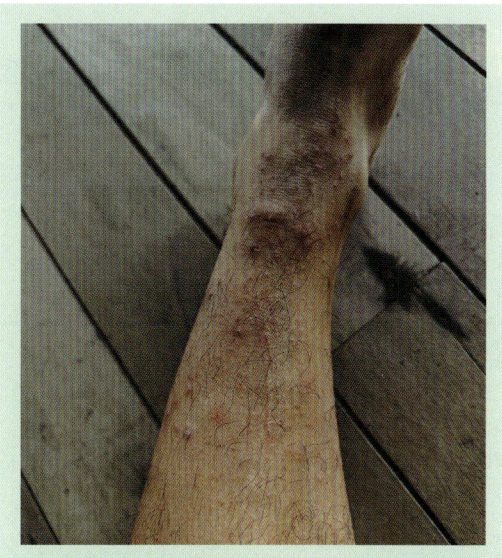

↑ 可以看到我的腿已经被咬了很多小红点

↑ 成年的粉趾捕鸟蛛（*Avicularia juruensis*），它们不会利用织网来捕猎，主要靠着极快的速度捕捉路过的小昆虫

↑ 南美枯叶螳（*Acanthops erosula*），也叫旌螳或者棘螳。是美洲分布最广的一类螳螂。它们经常栖息在林下小型灌木的叶子背面，捕食路过的飞虫

↑孔雀螽斯（*Pterochroza ocellata*），是一种分布在南美洲亚马孙丛林中的拟态枯叶螽斯

↑棕色的孔雀螽斯个体

我继续往丛林深处走，忽然，听到远处传来了一声巨响。我立刻停下了脚步，屏住呼吸，仔细辨认着。声音距离我大概 20 米左右，从一棵大树边上传来，好像有一只哺乳动物在那边。

我深呼吸，闻了一下，伴随着一股骚臭味钻进我的鼻腔，我的心一沉。很显然，我的附近有一只哺乳动物，听这动静，个头还不小。我第一时间想到了西貒，此时，我只身一人，身边没有队友。

在这样的情况下，我的心开始狂跳。我仔细辨认着空气中的声音，主要是脚步声和呼吸声，确保一旦出现突发情况，我能尽快知道。

我并不认为西貒能打败我，只是"不能受伤"这四个字可能会深深地印在每一个人的潜意识里。在丛林里，我不能受伤，因为闷热的天气和潮湿的环境很容易让伤口溃烂。

我关掉了头灯，尽量不打扰到那只动物，慢慢地往回走。好在今天天气晴朗，虽然月亮还未升起，但是明亮的星光足以让我在适应黑暗之后看清丛林里的路。

直到我离开几十米远之后，我才重新打开头灯，照亮我的周围。

正当我快要接近木屋时，我看到就在木屋后方的一棵灌木上，站着一只非常美丽的螽斯，好像它在等待我归来似的。可能看到我后被我惊扰到，它从灌木上飞到了地面，随后张开它的翅膀，试图吓退我。它有着一个美丽的名字——孔雀螽斯。在我看来，它应该算是亚马孙丛林中最美丽的昆虫之一，当它把前翅内侧的黑斑展现给我看的时候，我很难相信一只外表看上去普通至极的"蚂蚱"居然还有如此有趣的一面。

孔雀螽斯的体色多变，前翅的外侧有黄色、绿色和棕色，而内侧基本相同。孔雀螽斯一旦进入威吓状态后，往往能持续好几分钟。它们通过张开翅膀扩大自己的体型，并且用这种黑色的如同眼睛一样的斑纹给丛林中的猎食者造成一种假象：我体积很大，你看到的只是我的头部而已。从而吓退敌人，给自己争取逃脱的机会。

我来到木屋门前，费力地摘下了相机和挎包，瘫坐在门口的木质台阶上，台阶发出吱呀一声。我双手撑向身体后方，让自己处于一个舒服的姿势。我抬头望去，不过并没有看到想象中的星空，它们好像都被乌云遮住了。哦，对了，乌云？看来是要下雨了。

这是一件好事，三周没有下雨的雨林早就失去了往日的生机，相比于四年前的 Jatun Sacha，这里的动物少了很多，溪流附近也不像以前那样喧嚣，丛林里所发现的物种也感觉少了很多。

是啊，最好下一场雨吧。

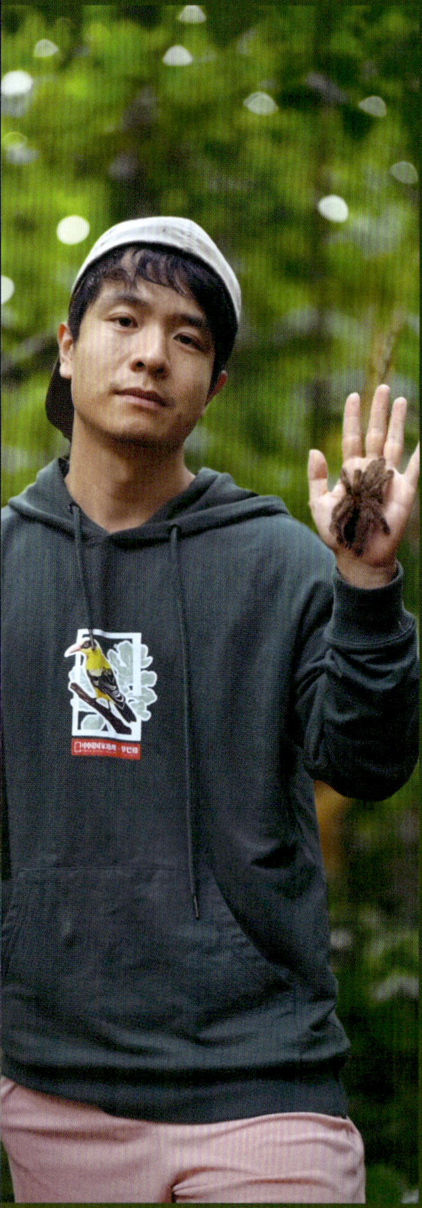
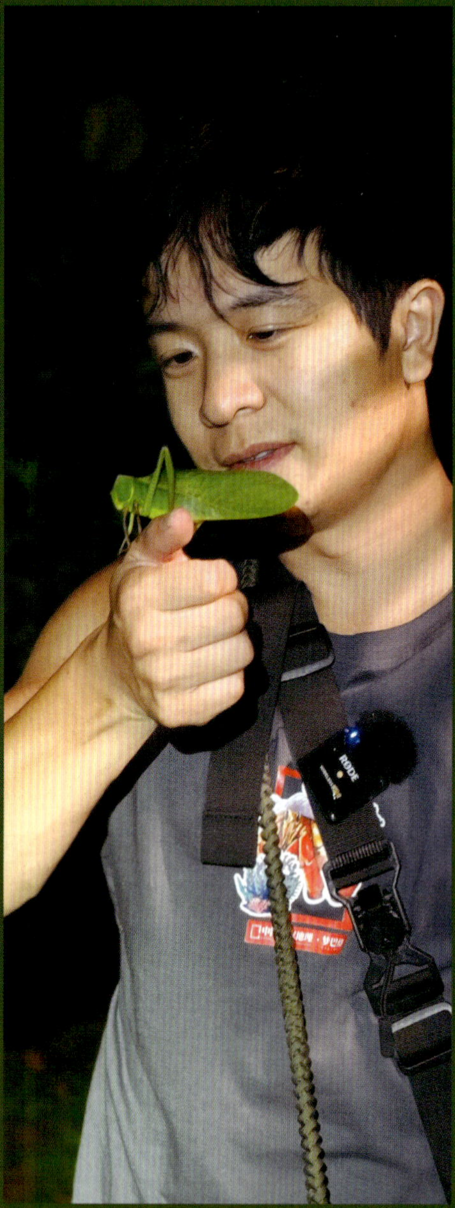
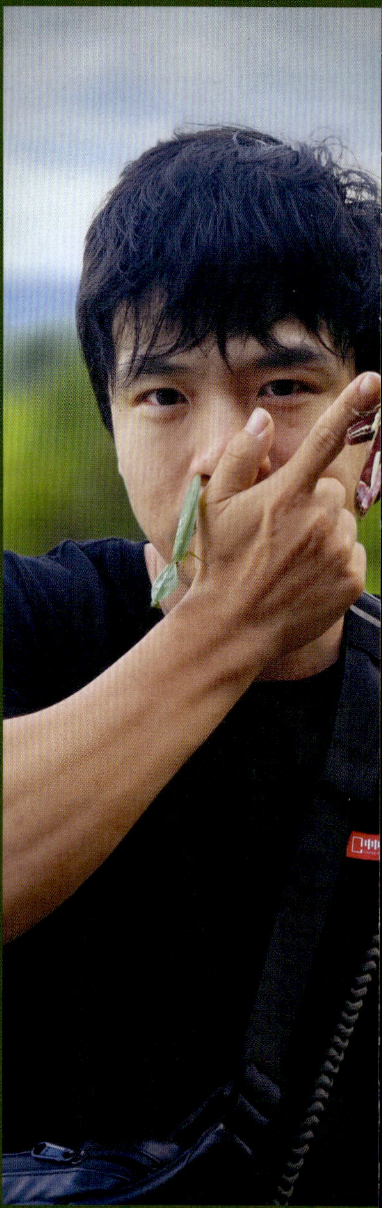

Day9

迎来第一场雨

现在是九月，亚马孙雨林的雨季快要到了。我希望这雨季能给雨林带来它所需要的能量，滋润植物，还丛林中的动物们一个湿润的环境。

很快，雨声渐渐大了起来，我躲在木屋内，听着雨水打在木屋顶发出的"噼噼啪啪"的声音。屋内在漏雨，但是我丝毫不介意，任凭雨滴落在屋内的地板上。我在雨声中睡去，却也并没有睡得很深。我每隔一小时大概要醒来一次，确认雨是否还在下。

大概睡了3小时后，雨停了。我走出木屋，空气中弥漫着泥土的气息，这感觉太好了！但是这场雨，终究还是不够多。

"你看，我们一来亚马孙就下雨了，看来我们是亚马孙的福音啊！"我和同样没怎么睡的小全说。

"Jason，我给你又抓了个捕鸟蛛，比之前那只更大。"小全说道。

"哦？你没睡啊？"我觉得不可思议。

"就睡了一会儿，这屋漏雨也没法睡啊！"

说完，我们来到厕所边上的木屋，桌子上扣了个篮子，里面有一只成年的粉趾捕鸟蛛。

"这只真的很大！快给我拍一张！"我兴奋地对小全说。

↑巨大的厄瓜多尔粉趾捕鸟蛛

↑这只巨大的粉趾捕鸟蛛几乎遮盖了我的半张脸

再美好的旅行也会有结束的一天，在 Jatun Sacha 的日子终究还是要结束了。Alex 非常不舍，我看得出他能感受到我们对大自然的热爱。他拿出了相机，给我们四人拍了一张照片，他说要把它保留起来。

我和他说："你知道吗，我每次都向我的南美朋友们保证，我会回来的。希望将来我们能够再见。"

离别的伤感笼罩在我们每个人的心头，但是对于下一站的期待又重新让我振作起来。

↑ 我和腼腆的 Alex 说再见

Yanayacu，返回安第斯高原

在安第斯山脉开车下来的时候，有一个地方叫 Cosanga 镇。虽说是镇，但是看上去都没有国内的一个村庄大。小亮老师与辰鳞的机票是明天的，为了避免第二天太匆忙，我们在今天就准备往回行驶。

选择相对靠近基多机场的 Cosanga 是一个不错的选择。这里位于 Antisana 火山的北坡，海拔为 2000～2500 米，是一个保护非常完整的山地云雾林，也是安第斯山脉通向亚马孙平原的第二道山口。在地质运动的过程中，许多山脉并不是只有中间一层大山峰，周围只有斜坡的形状。山脉就如同大地的褶皱一般，由一层一层的小山脉组成。在一层一层的小山脉之间，是两个山峰中间海拔较低的区域。这些海拔较低的区域，因为气候相对暖湿，形成了生物多样性丰富的云雾雨林。此外，也因为山谷的两侧都是连成片的山脉，导致山谷内的部分扩散能力不强的生物没有办法和外部进行物种之间的交流，千百万年之间的演化相对独立，从而出现了一些相对比较特殊的物种。

Cosanga 正是这样一个地方，它正好被苏马科火山与 Antisana 火山夹在中间，是一片近乎与世隔绝的丛林，这样特殊的地理环境也孕育了大量奇特的物种。

Yanayacu 保护站的负责人 Jose Simbana 给我打了个电话。

"Jason，你好，请问你们什么时候过来？"他的英语不是很好，但是却充满热情。

"我们下午 2 点左右就到。"我回答。

驾驶着车辆重新向安第斯山脉开去，大约两小时我们便来到了 Cosanga。从大路转到小路上，最大的挑战就是道路又变成了石子铺设的小道。车在石子路上颠簸着，屁股被震得发麻。

开至小道尽头，便是 Yanayacu 保护站的大门。我把车停好，跳下车。迎面袭来的冷空气

↑ 这片海拔 2000 多米的雨林拥有着世界上最独特的生态环境

让我打了一个寒颤，我竟然忘了我们已经从 35 摄氏度的环境回到了只有 15 摄氏度的高原。

天空下着小雨，让原本就没有暖意的高原显得更加寒冷。我赶快跑回车上拿了一件外套披上。

Jose 给我发了消息，他要外出办事，让我自行入住。

保护站内有几个学生，交流了一下，得知他们是来自德国的大学生，来到这个保护站观察鸟类和两栖类动物。

我在保护站内四处转了转。保护站虽然简陋，但是物品配备倒是一应俱全，无论是雨靴、砍刀这种钻进丛林所需的基本用具，还是显微镜、标本工作台这种实验室的用品，都能找到。我来到保护站侧面的实验室内，里面的海报上画着保护站的各种珍惜的两栖类动物，旁边的柜子里是一层层的标本。我们打开来一看，居然是各种种类的屎壳郎。

这时来了一位女士，她代 Jose 向我们问好之后，就领着我们来到了房间。这里是一人一间的规格，可能是为了让客人们更好地享受观察动物的体验。餐厅的前方挂着一个巨大的白布，白布上有一盏 500 瓦的高压汞灯，尽管此刻还是下午，但是白布上已经爬满了昆虫。看来一定是头一天晚上飞过来的。加上这里天气实在寒冷，昆虫被灯光吸引过来之后，也就懒得动了。我想这里的鸟儿肯定每天都能吃到自助餐。

小亮老师已经在灯诱布边上观察起昆虫了，他拿起了一只兜虫仔细观察着。

"小亮老师，这是什么兜啊？"

"这个啊，是南美焦糖兜。"小亮老师解释道。

"哦，南美焦糖兜，原来如此。"我看着焦糖色一般的兜虫，恍然大悟。

"我开玩笑呢。"小亮老师笑着说。

↑ 依吉斯竖角兜（ *Golofa eacus*)，一种焦糖黄色的中型兜虫。它们只分布于安第斯山脉高海拔地区，喜欢凉爽的气候

"啊！我真的信了！"

在等晚饭期间，我们在保护站外面的树林下聊天，我问小亮老师："小亮哥，这是我们在南美同行的最后一个晚上了，这次南美之行，你有什么遗憾吗？"

"很多遗憾都是相对的，有些东西没看着，但是和见着的相比已经不算啥啦，可以说都是惊喜。"小亮老师很认真地说。

"其实我这次特别开心，以前我都是自己来瞎玩，很多东西过去了也就过去了，这次和您一起来，感觉有好多我之前没有注意过的有趣细节都非常值得我去了解。还记得第一天咱们刚到厄瓜多尔的时候，我看您的状态不太好，但是，到了酒店后，从我们发现第一只昆虫开始，我就看您满血复活了！当时我就想，太好了，咱们是一样的人。"我开心地向小亮老师念叨着。

小亮老师听完也乐了。

"其实，看到你就像是看到几年前精神头十足的我。"小亮老师接着说，"尤其是昨天晚上看到叶螳的时候，你看你讲别的动物时还要想一想词，看到叶螳时，一点都不需要想词就能往外倒！"小亮老师的夸奖让我感觉怪不好意思的。

我问小亮老师，为什么会做自然科普博主。他说最开始，他学习的是猎蝽的分类，不过后来他发现还是自然界中的这些花鸟鱼虫的外观更能够展现大自然的美。于是，他开始在网上解答别人在自然中遇到的各种问题。随后，逐渐形成了自己的风格。小亮老师告诉我，要把大自然说得有趣，别人才会有兴趣去听。

小亮老师告诉我："把自然知识和大众的生活联系起来讲，才是一个科普工作者最应该做的事情。"

晚餐时分，Jose 回来了，典型的厄瓜多尔人长相。他不停地向我道歉，说他去亚马孙平原附近的另一个保护区办事情了。可以看得出，Jose 是一个非常有活力的人，连晚饭都没吃完就坐到我旁边，兴奋地问我们这趟南美行程感觉如何，还不断地跟我介绍他们这边的环境。

Yanayacu 保护站在 Cosanga 山谷处的一个相对比较高的地段，门口的道路一侧是 Cosanga 镇居民的几个农场，东侧则是一望

↑被小亮老师夸奖，让我感觉怪不好意思的

↑Jose 一旦说起动物，精神头就来了

无际的原始丛林。

"那边很难进入，尤其现在每天都下暴雨。要进到下面的丛林里需要带上砍刀、穿上雨靴。"Jose 和我说。

我也非常兴奋，首先是因为 Jose 会说英语，其次是因为他自身也是一个非常热爱大自然的人。我想，热爱自然的人本身就很容易找到共鸣吧。

"我们这一共有五种玻璃蛙！"在我向他请教当地的蛙类时，Jose 的兴奋度再次升高。

"太好了！希望今晚我们能见到它们。"我和 Jose 说。

"当然可以，要不要我带你们去找？" Jose 非常热情。

其实，在这次的旅行中，我已经见到不少玻璃蛙了。我依稀记得小时候在探索频道上看到关于玻璃蛙的纪录片时，我便深深地被这种美丽的生物所震撼。透明的青蛙看起来确实让人感觉非常神奇，这是因为玻璃蛙的皮肤细胞较为松散，而皮肤内又基本没有色素，所以光线能够穿透它的皮肤，让我们能够清楚地看到它的内脏。

"好啊，吃完晚饭我们就出发。"我欣然应允。在丛林里，有一个靠谱的当地向导带领，是很有帮助的。

用完晚餐，气温已经下降到了 10 摄氏度左右。我非常好奇这里的昆虫是怎样在如此寒冷的气候中生存下来的。只穿着短裤的我已经感受不到膝盖的存在，我只好向 Jose 借了一件毛衣外套和一条棉裤，这才停止了发抖。

Jose 看着我狼狈的样子，笑笑说："我们这里的海拔非常高，夜晚是很寒冷的。"

我们坐上了小车，向着山里开去。

我和 Jose 聊起了天，"Jose，我有一个疑问，'yacu' 是什么意思？我一路开过来，看到很多地方的地名都是以 'yacu' 作为结尾的。"

"'yacu' 不是一个词语，是一个词根，他的意思是河水。当你看到 'yanayacu'，就是 yanaya 河。"

↑一言难尽的晚餐

原来如此！

"停一下，Jason，你听！"Jose 突然喊了一下。

我把车停了下来，车窗外的丛林中传来了清亮的蛙鸣，声音非常悦耳。

"这就是玻璃蛙的叫声！"Jose 和我解释道。

我恍然大悟，虽说这声音我听过很多次，但是我确实没有把这声音和玻璃蛙联系起来。之前看到的玻璃蛙全部都是在丛林中靠着视力寻找发现的，但是很显然，循着声音去寻找效率会更高。

↑ 玻璃蛙（*Nymphargus wileyi*）通体透明，是世界上最有名的两栖类动物

↑ 我们在保护站内，把它放在玻璃上，仔细地观察它那美丽的腹部

↑ 长得很像角蛙的一种当地蛙类，特别常见

"你们在附近转转吧，我去找找。"Jose 很自信地说。

我也很想看看他是如何找到玻璃蛙的，不过只见 Jose 看到一撮茂密的灌木丛，直接就钻了进去，我和小亮老师看着脚上的鞋，想想还是算了。不一会儿，Jose 从林子里钻了出来，手里正是一只玻璃蛙。

"我的天！这也太快了吧！好像就是你放在这里的一样。"我惊呼道。

Jose 憨憨地笑了笑，说："当你知道它们的声音时，就很容易找到了。它们会在晚上六七点天刚黑的时候开始鸣叫，再晚了，它们就不怎么叫了。"

他笑着举起了手中的玻璃蛙。一只大约 2 厘米的迷你两栖类动物。

"我会把它带回到保护站，放在保护站的森林里。这附近有一些农场，其实它们在这里并不是很安全。"

Yanayacu 寒冷的夜晚中，我不断地前行，我希望能在这一片与世隔绝的山林里发现更多的动物。这些深藏在大山中的美妙精灵是这个世界带给我们的礼物。

我不知道夜里醒了几次，说实话，就算是盖着三层毯子，我也还是不时地被冻醒。云雾林的寒冷大大地超出了我的想象。不过，这也是 5 年之后我第一次回到 Cosanga。在 2018 年的亚马孙丛林探险中，我曾经来过一次这里，当时住在 San Isdiro。彼时的我完全没有被寒冷所影响，相反，当时生龙活虎的我几乎整晚没有睡觉，同行的另外几位颇感意外。

↑ 拟态苔藓的螽斯（*Anaphidna rubricorpus*）

↑ 拟态嫩叶子的螽斯（*Typophyllum trigonum*）

↑ 另一种小型的（*Typophyllum sp.*）

↑ 灰刺豚鼠（*Dasyprocta fuliginosa*），属于一种比较大型的啮齿动物。看上去特别乖巧可爱，不过胆子特别小，大清早远远地站在草丛里找吃的

↑ 黄金龟甲（*Charidotella sp.*）

↑ 正在交配中的某种叶甲（*Callicolaspis sp.*）

我来到餐厅时，天还未完全亮，灯诱布上已被昆虫铺满。我哈着气看着白布上密密麻麻的昆虫，想着今天小亮老师他们就要走了，突然有些不舍。

这趟南美旅途最开始时，我以为他并不是一个特别好相处的人，一位拥有上千万粉丝的大博主，必然有着常人无法理解的高度。但是，相处之后，我发现他是一个极度纯粹的人。当我向他请教自媒体问题时，他非常耐心地把问题的底层逻辑分析给我听。每当我们发现新的物种时，他总能用诙谐幽默的语言去把它描述出来。正如小亮老师所说的，自然知识其实很多人并不在意，但是如果你能把它讲得有趣，讲得和大家的生活息息相关，那么在意的人就会多起来。

↑ 拿着砍刀，在丛林里穿梭会简单不少

Day 10

与小亮老师分别

要和 Yanayacu 保护站说再见了。Jose 似乎永远都有说不完的话，从早餐开始，他拉着我从这个保护站的创办之初聊到他每天的日常工作。当然了，我也有一种和他相见恨晚的感觉。

"对了，你们这有长戟犀金龟吗？"我突然想起来。

"有的有的，不过现在并不是季节，四月份的时候会有一些。"

"好吧，我有一件礼物要送给你，感谢你打造了这个保护站。"

"真的吗？是什么礼物？"

"你马上就看到了。"

我把拼完的长戟犀金龟纸模拿出来，递给 Jose，看着他的反应。将近四十岁的男人看到我手上的这只巨大的长戟犀金龟时，眼神就像小孩子看到他最爱的玩具时一样。

↑ Jose 对我送他的长戟犀金龟纸模赞不绝口

安第斯林鸱（*Nyctibius maculosus*），世界上拟态最完美的鸟类之一，如果你仔细看，会发现图中有两只

　　吃过早餐，我们拉着各自的行李，整理着小车的后备厢。Jose 走了过来，对我说："Jason，你们出发的时候告诉我，我带你们去看一只鸟。"

　　不知道是什么鸟让他觉得那么神秘兮兮的，不过，既然能看到新的物种，我当然没有说"不"的理由。

　　待我们的小车开出 Yanayacu 保护站，Jose 已经在外面的一个路口站了许久了。"快，它还在那儿！我经常来这里观察它。"

一段旅途的结束，以及另一段探险的开始

我把车靠在路边，好奇到底是什么鸟。我走上前，接过 Jose 递过来的望远镜，顺着他指的方向望去。在密林中的一根树干的树枝顶端，趴着一只和树皮一样的鸟。

"这是 *Nyctibius*！它有着非常完美的伪装，所以很难找到！" Jose 兴奋地向我介绍这种神奇的鸟！

告别了 Jose，我们驶出了 Cosanga，也许在不久的将来，我又会重新回来探索这一片美丽的丛林，谁知道呢，或许在我写下这段话的时候，我的心已经回到了那边。

回去的路上，我的内心是比较沉重的。老实说，这一段路我开了也有五次了。每一次往回开，都感觉像是一段篇章的结束。我是一个不喜欢结束的人。

重新行驶上了垭口，4000 多米的海拔在回来时有了别样的感觉。这安第斯高原，我第一次来时乌云密布，第二次来时可以看到远处的阳光，第三次则是在黑夜中摸索。这一次去时大雨瓢泼，回时云雾缭绕。

Papallacta 湖依旧在这等着我们，和过去的一样，它见证了我的来来去去。我心里默默地和它说："伙计，我这次就是来送个人，一会儿还要回来的。"

穿过了垭口，我可以从这里隐约看到基多市区，以及飞得比我们还要低的即将降落的飞机。说真的，这是一段美妙的旅途，过去几日的无数回忆涌现在脑海里。其实我并不是一个特别开朗的人，在大多数的时间里，我宁愿自己一个人默默地去探索丛林。所以这一次团队出行，也算是给了我非常特别的体验。

↑我们再一次来到了进入亚马孙丛林之前的那家餐厅，为小亮老师他们送行

小亮老师第一眼看上去，我误以为他并不是一个容易相处的人。尽管名人身上总会笼罩着一层光环，然而随着相处时间的增加，我发现，原来他也是一个纯粹到极致的家伙。他和我说，当你发现一件喜欢的事情，你会开心一次，当你把你喜欢的东西分享科普给大家，你又会开心一次。也许就是这样积极的心态，才会让他在互联网的自然科普领域脱颖而出，成为顶流的原因吧。当平易近人、幽默风趣、成熟稳重、专注仔细都降落在一个人身上时，我想这才配得上偶像的定义。

我开到了机场，是离别的时刻。小亮老师叮嘱我接下来要注意安全，并且给了我一个拥抱。

一个意料之外的丛林小屋

送走小亮老师，我们回到车上，驾驶着车重新向着亚马孙平原开去。云雾已经散去，我的目的地是帕斯塔萨平原的小木屋。从机场行驶到目的地需要 7 小时的路程，而今天的我已经非常疲惫了。

现在最要紧的是找一个半途可以落脚的地方。我打开地图看着亚马孙平原的卫星图，深绿色的地方往往都是植被覆盖完好的。在一片深绿色的原生林环境中，一个叫 Jungle root 的旅馆引起了我的注意，它与 Tena 市城区只有 20 分钟车程的距离，可以说是一个非常完美的半路落脚点。原本我打算直接睡在野外，但是考虑到同行的摄影师小全，最后还是决定今晚住的稍微好一点。

我给 Jungle root 旅馆发了消息，负责人很快回复了我，他们有房间，于是我们便驱车前往。E20 这条线路我已经非常熟悉了，我甚至不需要看导航就能知道在哪个路口拐弯，在哪个路口直行。回去的路上，我思考着亚马孙丛林的前世今生，思考着丛林动物们的何去何从。

夕阳，从安第斯山上洒下来照射着我们的白色小车。我握着方向盘急速行驶着，路上的风景，依旧和曾经一样壮丽。已经来南美 9 天了，我却还是感觉自己在梦境中一般，一切都显得那么真实。

抵达 Jungle root 的时候，天色已经漆黑。两只大狗吼着向我们扑来，不过马上被旅馆里的店员制止了。负责人给我们安排了住宿，环境尚可，坐落在一座小山的半山腰，几个木屋中各摆着一张床，床上放着蚊帐，很显然这里也是蚊虫的高发地。

我问负责人："你们这里有没有进山的路？"这几乎是我每到一个地方都必须问的一个问题。其实很多时候，我并不是一定需要知道有没有进山的路。一片丛林，只要我白天进行一定时间的探索，肯定能找到进丛林的办法。但是，如果有一条丛林小道，肯定要比完全没有路要方便许多。

"有啊，但是为了你的安全，我们是要求你必须带上向导的。"负责人说。

↑路上的风景

↑蹲在路边拍摄切叶蚁的我

"我也是昆虫研究专家，我觉得我可以保证自己的安全。"请向导这事我是比较抵触的。当然最主要的原因是：冤枉钱，我不愿意花。

于是，我便给负责人看我手机里之前几天拍摄的各类照片。看完我的手机相册，我已经明显感受到负责人对我的崇拜了，于是他做出了一个惊人的举动。

"你真的太厉害了！你当然可以自行去山上，或者我们的向导也可以跟着你，是免费的。"

他指着旅馆的店员，一个看着非常腼腆的小伙。"他的眼神也挺厉害的，只可惜他不会说英文，要不让他带着你走走，毕竟山上的环境很复杂，向导费自然可以免去。" 负责人笑着对我说。

我感觉可行，于是便答应了下来。我把所有的行李都放进了木屋，带上相机准备出发。

黑胡子——黑嘴巨嘴鸟

向导的名字叫 Oliver，由于丛林里没有网络，我们之间的交流仅限于我说我的，他说他的，反正能懂对方的肢体语言就好。一路下来倒也和谐。他如果发现什么物种，只需要指给我看就行。

他还带了一个小助手，一个来自秘鲁的女生，会说一点点英文，可以简单地给我当一下翻译。在后续的聊天中，我才发现，女孩的英文也只能满足于简单的问候而已。

木屋的尽头就是通向山里的道路，我们踩着满地的落叶，走入林中。

踏进丛林后，我眉头一皱，但是并未表现出来。这里并非我想象中的雨林，反而更像北方的那种比较稀疏的森林，林下并没有很多灌木。放眼望去，只有落叶堆和树干。

夜晚，在丛林中如果有一条山路，也能很大程度地避免迷路。不过我发现这片林子中其实并没有道路，Oliver 只是凭借着记忆和感觉在走。我暗自庆幸，如果没有他带路，我很有可能就在丛林里瞎转悠了。

虽然丛林中的灌木稀疏，不过我还是找到了一些有趣的生物。

↑一只熟睡中的安乐蜥（*Anolis trachyderma*）被我惊醒

↑ 蝗虫（*Colpolopha latipennis*）

↑ 蜘蛛（*Heteropoda sp.*）

↑ 黑色虎甲（*Odontocheila cayennensis*）

↑ 绿色的螽斯（*Anaulacomera sp.*）

↑ 螳螂（*Liturgusa maya*）

安乐蜥是美洲特有的一种蜥蜴，雄性蜥蜴的下巴处有一个可以张开的扩展，被称为喉扇。雄性靠着这种扩展的一开一合，来吸引雌性的注意。安乐蜥的体色在小范围内会有一定的变化，不过这种变化和变色龙是没有关系的。

我们沿着斜坡向上走，相比看上去并不是很好的丛林环境，我更在意是否能在这片山里寻找到有趣的生物。然而，生物的分布也和丛林的环境分布一样，在这片林中，除了一些已经记录过无数遍的蜘蛛和长得并不是很出彩的蟑螂之外，我根本找不到任何有意思的动物。

我试着问女孩："请问有没有那种天南星科植物比较多的环境？"

"什么？"女孩很迷茫，她很显然对于我说的"Aroid"（天南星科）并不理解。

我环顾四周，在距离我们5米的地方长着几棵帕斯塔萨蔓绿绒（*Philodendron pastazanum*），我走过去指给她看，说："就是我需要这种植物比较多的环境。"

女孩大概明白了我的意思，于是转头和Oliver说了一些什么。然后转头和我说："前面有一条小河，我们去河边，那边有你说的植物。"

突然，Oliver打断了我们的对话，他兴奋地指向天空。我听到一声"哗啦啦"的声响，看来是树上出现了什么动物。

我抬头望去，漆黑的夜空中，出现了一只巨大的巨嘴鸟。

"Toucan！"我惊呼！巨嘴鸟是我来到南美洲最想见到的鸟类。作为一种几乎全世界闻名的鸟类，它最大的特点就是巨大的鸟喙，鸟喙的长度甚至有时候比它们的身体还要长。虽然嘴巴很大，但是它们的鸟喙并不是很重，主要是由空心的骨质构成的。

因为地域不同会造就不同种类的巨嘴鸟，它们就会拥有不同颜色的鸟喙。鸟喙的颜色有黄色、橙色、黑色等。在苏马科的山上，我在很远的距离见到过一只黄嘴的巨嘴鸟。当时因为我和巨嘴鸟距离太远，大概有百米之远，所以看着并没有那么震撼。然而这一只，停在我们头顶十米左右的树梢上。而且，它是一只黑嘴巨嘴鸟。

黑嘴巨嘴鸟在当地被称为黑胡子，黑胡子本来指的是历史上一个非常著名的海盗。因为他的行为无比的残暴，曾经让海上航运的人闻风丧胆。用黑胡子来形容这种巨嘴鸟，并不是因为它的行为，只是它的鸟喙下端就好比墨汁一样染上了黑色。

不过，在夜色的陪衬下，黑嘴巨嘴鸟确实给人一种非常威严的感觉。

我端起相机，在黑夜之中调整相机参数是一件比较费事的事情，然而正当我拿起相机对准它的时候，它扑腾了一下翅膀，消失在漆黑的夜色之中了。

菱叶螳

正当我睡得香甜时，我感觉脸上痒痒的，并且伴随着一股湿润。我在迷迷糊糊中睁开眼睛，发现居然是一只白色的猫在舔我的脸。我一个激灵坐了起来，发现我的房门是虚掩着的。我在丛林里睡觉并没有锁门的习惯，看来这只猫趁着我睡着的时候悄悄地跑了进来。

我抚摸着它的毛发，看向窗外，天空已经完全亮了起来。晨雾从远处的丛林中升起，清晨的鸟鸣混杂着附近瀑布的声响。在自然中醒来，这可能是每一个自然爱好者的终极梦想。

↑ 清晨时分的 Jungle Root，从木屋的窗户就能看到丛林

我顺着台阶来到山下，昨晚小全已经架上了灯诱布，但是昨晚明月高照，月光很强，因此，被灯光吸引来的昆虫很少。灯光的光线虽然强劲，但是超过一段距离之后，光线强度就会减弱许多。这时从昆虫的视角来看，月光的强度明显是要高于灯光的强度，所以它们就很难被灯光所吸引了。

Jungle root 的餐厅就在山脚的斜坡下，前方是一片池塘。我绕着池塘转悠着，来到靠近丛林那一侧的河边。突然，我感觉叶片上的一只"叶子"不同寻常，我加快脚步靠近观察。这片叶子不是别的，正是我心心念念的叶螳，然而让我更加惊喜的是，这是我这次观察到的第四种叶螳。至此，厄瓜多尔所有的叶螳种类我全部都观察到了。

吃完早餐之后，我又在附近的一棵树上发现了一只躲在叶片之中的捕鸟蛛。看，这就是大自然，我并不是一个总是有着充足计划的人，而大自然也是。一切的突发情况，都是人生中美丽的涟漪。

就如同 Jungle Root 一样，它并不在我这次旅行的计划之内，但是却依旧给了我足够的惊喜。

↑站在一片叶子上的菱叶螳（*Choeradodis rhomboidea*），主要分布在亚马孙丛林平原地区

↑一只躲在叶片之中的粉趾捕鸟蛛（*Avicularia juruensis*）

Day11

Puyo，安第斯山脉悬崖边上的小城

这是一段新的征程，也是我一段回忆的复刻。我们踏上新的路程之后，沿着 E45 一路向南。海拔再次逐渐升高，前方是另外一个亚马孙平原边上的小城，浦约（Puyo）。道路的两侧，并没有看到多少热带雨林，主要是一些农场。

↑路边的一棵树上，一只树懒用它强有力的爪子抱着树干

车辆驶出一个拐角,我看到路边黑压压地挤着一大群黑秃鹫。这些秃鹫的出现,意味着这附近有动物的尸体。正当我想到此处时,突然一股刺鼻的腐臭味顺着车辆的空调从外部飘了进来。

"这味道也太冲了!"我喊道。

"这是啥呀?"小全看着那黑压压的"食客"问我。

"这里肯定有动物尸体,我们去看看。"

车辆靠近了秃鹫,其中有几只秃鹫被惊吓得飞了起来。我们终于看清吸引着这些食腐动物的原因,是一头死掉的牛。剩下的秃鹫似乎没有看到我们,依旧自顾自地大快朵颐。

我们抬头望去,空中还陆续有各种秃鹫从远方飞来。看来,这顿大餐可以让许多秃鹫家庭饱腹了。

↑ 看样子,这头牛死去的时间并不太久

要下雨了

我在市中心找到了一个农贸市场,市场上贩卖着各类水果与肉类。厄瓜多尔的肉类价格并不高,这和他们全国广布的农场有着很大的关系。水果也是物美价廉,还有许多我们并不认识的水果种类。

↑ Puyo 是一个比 Tena 还要小的城市,狭窄的街道也在印证着这一点

当我们走入市场,市场里几乎所有人的目光都向我们看来。也许亚洲人的面孔在南美洲比较少见。此时,我想起曾经有一次走进一家餐厅,结果整个餐厅的人都站了起来,过来问我点菜需不需要帮助。我不禁暗自笑了起来。

Puyo 城外的路边,有一个路牌,写着:60%of the yasuni, is at Pastaza!(百分之六十的亚苏尼都在帕斯塔萨省!)

亚苏尼国家森林公园,是厄瓜多尔亚马孙平原的唯一森林公园,所有的厄瓜多尔亚马孙平原都在亚苏尼公园。这片区域太大了,超过了一万平方公里,可以说整个厄瓜多尔的东部都被囊括在内。而我们目前所在的帕斯塔萨省算是厄瓜多尔亚马孙丛林最大的省,覆盖了百分之六十的平原土地。

Day11 Puyo,安第斯山脉悬崖边上的小城所以，尽管亚苏尼公园的真正入口在厄瓜多尔东北部的 Tiputini，但是我依旧会选择从 Puyo 进入亚马孙平原。最主要的还是因为交通上相对便利一点。

亚马孙平原的生态多样性主要是受到山地的影响。整个亚马孙平原，包括秘鲁东部、哥伦比亚东南和巴西西侧，都是比较类似的生态环境。这些区域的生物分布也比较相似，并没有太大的区别。这也是为何我一直把厄瓜多尔作为我南美洲探险的最主要路线。

Puyo 的海拔在 1000 米左右，这是安第斯山脉外侧的最后一道山脉，也是紧挨着亚马孙平原的山脉。在安第斯其他国家，要抵达最后一道山脉都需要至少十几小时的额外路程，对于我们从国内出发，来回至少 4 天在飞机上的人来说，显然要尽量缩减在安第斯山脉往返的时间。

从最后一道海拔 1000 米的山脉前往亚马孙丛林，有一道很陡的悬崖。在进入小道之前，我们发现了一个观景台。

"走吧，去看一看，我来这好多次了都没看过这观景台。"也许之前的探险只在意目的地和结果，而这次的探险，我更在意的是过程和感受。

我来到观景台，就在悬崖的边上，这是俯瞰亚马孙丛林的一处完美地点。向远望去，茂密的丛林覆盖着整片大地，这一望无际的丛林里会有多少美丽的生物在等着我去发现呢？

↑ 亚马孙平原也有部分隆起的丘陵地形，这些丘陵的海拔大约在三四百米，丘陵的地形对于徒步来说要比纯粹的平地更加友好。在平地会碰到许多沼泽地带，在丛林里尤其是夜晚非常难走

↑观景台上，风景十分震撼

我向着天空大吼着："对，就是这里！亚马孙平原，我来了！"

吼声向着平原飘去，消失在一望无际的郁郁葱葱之中。

天空中乌云密布，看上去快要下雨了。我坐在观景台上默默地看着天空，我是非常希望能下雨的。亚马孙，真的干旱太久太久了。凉爽的风从山下吹上来，看样子，是真的要下雨了。

"这雨应该是会落下来的。"我期待着。

故友重逢

离开观景台后，前方道路的左侧有一个岔路口，车辆左转后，看到牌子上写着：离卡内洛斯村庄还有16公里。道路开始变得颠簸起来，我把窗户摇下，让亚马孙的风灌进车内。快下雨了，外面非常凉快。

车辆缓缓驶入卡内洛斯村庄（Canelos Village），这是一个位于帕斯塔萨省中部，地处亚马孙盆地内的小村庄。卡内洛斯村的人主要是由当地的少数民族组成——沙波族和阿奇伦族。这也是亚马孙盆地主要的两个原住民族。他们主要靠种植玉米、木薯和一些水果为生。

Day11　Puyo，安第斯山脉悬崖边上的小城

↑ 天空中乌云密布，快下雨了

中午，正好是学生放学的时间。如果这时的我还在上学，我一定会非常羡慕当地这种中午就能下课回家的规定，沿路我已经看到近百个学生。

"这么小一个村庄怎么会有那么多的学生？"我好奇地和小全讨论着。

"也许这附近的山区里只有这一所学校吧。"小全猜测。

我觉得小全说的有道理，从地图上看，卡内洛斯居民不可能超过 50 户，但是把范围放大到亚马孙丛林，卡内洛斯又算是附近最大的村庄了。还真有可能方圆几十公里只有这一所学校。

这时候，已经下起了大雨。在开过卡内洛斯村里的一座大桥时，我看到一个熟悉的身影站在桥口。

路易斯（Luis），是曾经 Huella Verde 丛林木屋的主人 Chris 雇佣的工人，也是卡内洛斯的原住民。此刻他正站在桥口对来往的车辆进行检查。虽然下着雨，但是他只戴着一个鸭舌帽站在雨里。他乡遇故知，我突然有一种想哭的感觉。

在前往卡内洛斯之前，我已经在网上和 Chris 取得了联系。他已经不再经营 Huella Verde 小木屋了，一方面，因为疫情的原因，厄瓜多尔的旅游产业受到了严重的影响；另一方面，坐落在亚马孙丛林里的小木屋因为交通不便利，本身在众多游客的选择中就不是首选，只有那些真正想深入亚马孙丛林，却又不想受到像亚苏尼公园内部那样严格管理的游客才会选择这里。

现在，Chris 已经在首都基多谋了一份工作，他知道我要来亚马孙丛林，就告诉我可以随时去小木屋，只不过食物需要我自行准备。

Luis 也看到了我。他不会说英文，但是他的眼睛里也迸发出了喜悦的光芒。

"Jason！"他开心地喊我，一只大手透过我摇下的窗户伸了进来，我们郑重地握了握手。

重新见到 Luis 的喜悦让我说不出话来。

我和他说，我们要去 Huella Verde 小木屋。他向我竖起了大拇指，表示听懂了我的话并且会带我们过去。

汽车向右转弯，沿着 Bobonaza 河向南开去。道路和多年前一样，依旧是非常难开的石子路。车子停到河边，这里长满了两人高的草。前方应该就是横穿河流的吊桥了，这座吊桥的对岸，是完全原始的亚马孙雨林。

2017 年，是我第一次来到厄瓜多尔。当时我在网上做了很多的攻略，大多数的攻略都推荐了亚苏尼国家森林公园。然而，要去亚苏尼国家森林公园不但需要坐两小时的船，并且，在丛林中每天只有 10 小时有电源和网络。当然，这并不是最主要的，最主要的是如果你晚上要出门，必须参加夜观团，否则出于安全考虑，你将会被禁止进入丛林。

我是一个非常不喜被束缚的人，很多时候我更喜欢自己一个人进入雨林而不是跟许多人一起。每个人的节奏不同，走路的速度与关注的重点都不一样，我更享受自己一个人寻找动物的快乐。幸运的是，我找到了 Huella Verde 小木屋，它不需要坐船进入，但是令人头疼的是，停车的地方到小木屋需要走 2 公里的山路。

因为拿着行李，每一次走这段山路，我都被累得"半死"。尤其是靠近小木屋的最后几级石头台阶更加难走，因为一路上来早已经脚底发飘了。除此之外，Huella Verde 小木屋堪称完美的丛林探险落脚点——坐落在亚马孙丛林深处，四周都是茂密的原始森林，随时可以前往山里的自由世界，每一个都是最好的选择。更何况，我与主人的相处也十分愉快。

Chris 是小木屋的主人，二十多年前来到厄瓜多尔，十几年前建造了 Huella Verde 丛林小木屋。几次到访，我们之间结下了深刻的友谊。他曾经一度想把小木屋包括这整片 1500 公顷的土地卖掉，不过最后还是选择留了下来。

天下着大雨，Luis 叫了两个年轻力壮的小伙子帮我们搬起了行李。因为我们携带的设备确实有点多，我和小全双手都是设备。

我们穿越了吊桥，它和曾经一样，给人一种通向梦想彼岸的感觉。过了吊桥之后便进入了丛林，曾经的石子路两侧的植物已经侵略了我们行走的空间。

↑ 和老朋友 Luis 的见面让我倍感亲切

↑ 下着雨，我们扛着必需品走向丛林中的小木屋

我习惯称这条路为外部路，大约有 1 公里长；走进山里的那条路又是大约 1 公里的距离，我称它为内部路。这两条路需要在丛林中穿梭，道路泥泞，并不好走。

↑ 通向小木屋的小路，几乎被植被完全覆盖

↑ Huella Verde 小木屋，这里是我曾经每次做梦都会来到的地方

↑ 白天，这条路的阳光还是比较强烈的

↓ 雨过天晴

Philodendron pastazanum 是帕斯塔萨亚马孙流域最强势的蔓绿绒种类，几乎在海拔低于 1000 米的所有山地上都可以见到它们的踪迹

↑ 帕斯塔萨蔓绿绒的叶片呈心形

可能是长期干旱的原因，曾经泥泞的道路如今并没有和当年一样踩一脚就要陷进去半条腿。尽管下着大雨，地面也没有非常湿滑。在又走了半小时之后，我终于见到了那个让我朝思暮想的小木屋。

Luis 和另外两个帮手早就在木屋门口等着我了，不愧是当地人，即使我经常健身，这种扛着重物行走在雨林中的本领也是跟他们差着一大截。我拿出 20 美金交给 Luis，算是给他们的小费，以答谢他们的帮忙。如果让我自己扛着行李进来，我几乎不敢想象。

七年前，我第一次来到小木屋的时候，木屋的主人 Chris 帮我负担了一个行李，而我自己则背着相机包，当时的轻装徒步并未让我感觉这条路有多么漫长。当我第二年带着几个朋友来到此地时，由于人手不足，我们必须自己扛着行李走，当时是中午时分，在烈日下，我们四个人可算是感受到了大自然的"酷刑"。

Luis 跟我说，小木屋有电有水。我们又一起检查了煤气罐，发现还有一点煤气，只不过灶台基本已经报废了，每次点火还需要我们用打火机来试点一下。

水是上方蓄水池里的山泉水，因为是枯水季，所以并不充裕。

接下来的几日，我们就只能靠自己了。

其实，在丛林中生活是非常不容易的，光食材的获取就是一件令人头疼的事。在大自然中，无论是捕捉野生动物，还是寻找野生植物，得到概率都是非常低的。

我并不是一个喜欢荒野求生的人，但是，我可以为了寻找我喜爱的野生动物去吃一点苦。来到小木屋之前，我在 Puyo 市里买了大量的食材与补给用品。因为我明白，只有健康的身体才能保证在丛林中穿梭的体力。盲目地探测自己身体极限是一件很危险的事情，尤其是在我已经在南美洲探险了十天的情况下，我的肾上腺素可能没有办法支撑我的免疫系统维持另外的十天。

接下来的五天，我们将会在这个小木屋里度过。

雨水很快就停了，空气中弥漫着泥土混着青草的清香。雨水带走了热量，留下的是鸟儿清脆的鸣叫和从叶片上滴落的水滴声。我迫不及待地走出木屋，来到满是植被的丛林中。

帕斯塔萨蔓绿绒曾经在世界范围内受到众多热植爱好者的喜爱与追捧，因为它们的叶片太美了。当然，这也是我一直最喜欢的热带植物之一。

我穿过蔓绿绒的海洋，就像七年前第一次踏入这里一样。

Day 12

哭泣的可可园，干涸的溪流

可可果与巧克力

在通向小木屋的内部道路上,有一片巨大的可可果园。说到可可果,或许很多人直接想到的是巧克力。不过可可果是怎么变成巧克力的,很多人可能并不清楚。

这是一片曾经废弃的可可果园,许多熟透的可可果掉落在地上没有人管理。可可果主要长在树枝上,甚至树干处也会挂一些。我砍下一颗看上去已经熟了的可可果带回了小木屋,准备打开一探究竟。

↑新长出来的可可果,还没有成熟

↑已经完全腐烂风干的废弃可可果

切开可可果还是比较容易的，我拿着刀沿着可可果的外侧切了一圈，就打开了。里面是白色的果肉包裹着一颗一颗的种子，这些被包裹着的种子就是可可豆了。如果想要做巧克力，只需要把这些可可豆混着果肉取出，保存发酵一周左右，然后去除外面已经腐烂的果肉。把内部的可可豆烘烤研磨，就可以得到可可粉了。

不过此时的我显然没有那个精力去制作可可粉。我拿着可可果，放进嘴里，一股香甜进入我的口腔，刺激着我的味蕾。

"好甜！感觉像山竹一样！"

可可果的果肉其实并不多，但是厄瓜多尔种植的这种 Arriba 可可，是一种味道浓郁的品种。更重要的是它的果肉实在是甜而不腻，即使是我日后回想起来，嘴巴内还忍不住开始分泌唾液。

我吃完后，感觉还不够，于是又回到可可果园，砍了几颗回来。最近几年，厄瓜多尔的可可出口并不是很理想，尤其是在一些偏远的地区，收可可果的人也在不断减少，这导致了大量的可可果园废弃。这些废弃的可可园让我摘可可果时变得心安理得，毫无负罪感。

可可果园中因为成熟的可可果而充满了香气，这些香气吸引了大量的昆虫前来饱餐。

我来到 Huella Verde 小木屋后面，眼前的景象让我不禁心生惊讶。一片茂密的丛林竟然被砍伐得如此严重，空旷的土地上只剩下几棵被砍倒的树

↑原本拍摄着科普可可豆视频的我，最后把整个可可果内所有的可可果肉全部吃光了。这是来自大自然的馈赠

Day12 哭泣的可可园，干涸的溪流

↑小木屋的后面，原来一片郁郁葱葱，如今废墟一片

↑鬼王螽斯（*Panacanthus cuspidatus*），与曾经我们在 Mindo 见到的另一种鬼王螽斯一样，都是浑身长满了看上去很有攻击性的刺

↑鬼王螽斯的体型很大，如果被它咬一口那可不是小事情

↑ 龙虾螽斯（*Panoploscelis specularis*），是世界上最重的螽斯，行动迟缓。它是一种杂食性螽斯，主要靠进食果实为生。在若虫时期是有一定的捕食性的

木残骸。我无法忽视这种被破坏的景象，心中涌起一股无奈和悲伤。

直到后来我才知道，因为亚马孙丛林的干旱日益严重，很多大树都被风吹倒了，包括木屋后面的这些树。Chris 为了防止这些树被吹倒而砸到小木屋，只好把它们先砍倒了。看着这一片废墟一般的土地，虽然我相信它可以在不久的将来被强大的大自然所修复。但是在整个亚马孙平原，一定有更多的土地也会被如此对待，它们的结局也许是变成人们的农场。

我没有因为这个小插曲而放弃我的探险决心。晚上，我决定再次步入丛林深处，探寻这片土地上的生命奇迹。我小心地穿过丛林的底层，脚下的枯叶发出"沙沙"的声音，仿佛在向我诉说着它们的遭遇。

突然，我的目光被一只奇特的昆虫吸引住了。它有着一对巨大的触角和令人惊叹的翅膀，这就是鬼王螽斯。鬼王螽斯的大脑袋上满是尖刺，牙齿锋利无比，它们是丛林中的珍贵宝藏。

鬼王螽斯捕食的时候，就是粗暴地把前足扑向猎物，然后抱住，猎物就像被关进了一个满是尖刺的笼子，动弹不得。再配合它那巨大的口器，两个大颚可以轻易地咬破猎物的外骨骼。

继续深入丛林，我遇到了另一种奇特的昆虫——龙虾螽斯。和它的名字一样，它有着像龙虾般的外形，身上覆盖着坚硬的外壳。当它移动时，发出的"咔咔"声仿佛是丛林中的音乐。

龙虾螽斯作为亚马孙丛林最大的螽斯种类，在我的每一次南美旅途之中，都少不了它们的身影。它们原本并不是非常罕见的物种，可以说多到泛滥。然而在这次旅途之中，这还是我第一次找到龙虾螽斯的成体。

↑ 龙虾螽斯的体型真的很大，拿在手上沉甸甸的

↑ 一种大型螽斯（*Cnemidophyllum lineatum*）的若虫，这一类螽斯和 Mindo 那边的（*Steirodon sp.*）差不多，都是身体大小一般，但是翅膀都特别大

↑ 子弹蚁几乎随处可见

我被它的独特之处所吸引，忍不住跟随着它的脚步，探索着更远的地方。

随着夜幕的降临，丛林中的气氛变得更加神秘。在一片黑暗中，我发现了一种令人叹为观止的昆虫——发光叩甲。它散发着柔和的绿色光芒，照亮了周围的一小片区域，这种生物的发光能力令人惊叹。这种光还有吸引猎物和伴侣的作用。我静静地观察着它的光芒，沉醉在这片微光的世界里。

一段回忆浮现在我的脑海中。六年前，我曾经在这片丛林中遇到了美洲豹。那是一个暴雨后的黑夜，我行走在被蛙鸣环绕的丛林中，为了寻找昆虫。突然，一只优雅而强壮的美洲豹出现在我的面前。它的皮毛仿佛在黑夜中闪烁着金色的光芒，眼神中透露出一种无尽的力量和智慧。我们彼此静静地对望了一会儿，然后它消失在丛林的深处，留下内心充满敬畏和感激的我。

它并没有攻击我，这是大自然给我的恩赐。大自然是残酷的，也是慈悲的。与美丽动物的邂逅是我从亚马孙丛林能带回去的最美好的回忆。

说到拟态地衣苔藓，另一种螽斯可以说是当仁不让的高手了。

卡内洛斯的海拔在 400 米左右，属于亚马孙平原的山地地形，相比海拔为 0 的盆地雨林，这里的生态多样性则更为丰富。靠近安第斯山脉也让物种之间的基因交流变得更为独特。在盆地地区，虽然水系宽广，但是较为单一，由主要的主河道来贯穿丛林。而平原山地则会因为雨水的汇集加上重力的作用，形成多条河道。

在小木屋附近，有多达十几条小溪河流，这些河道组成了许多以水源为中心的生态系统。所有的河道都会流向博沃那扎（Bobonaza）河流，博沃那扎河是帕斯塔萨河流的支流之一。帕斯塔萨河在 Puyo 附近出现了一些分叉，部分的支流向着两个方向向东前行。

博沃那扎河从 Puyo 附近的悬崖上流下，最后穿越了厄瓜多尔亚马孙平原，在厄瓜多尔与秘鲁的交界处重新与帕斯塔萨河汇合后，一路向南。最后在秘鲁的中部与 Maranon 河流汇合之后，流入亚马孙平原的下游。所以，亚马孙平原各大支流的复杂程度远远超乎人们的想象。这些支流又是靠着更小的细流汇入成河，就像是人类的血管一样，错综复杂。

这些以往还能听到流水声的细小河道，现在已经几乎干涸。

我并不是在危言耸听，在我这次丛林探险的旅途中，已经见识到了干旱的威力。而亲眼见到丛林的变化，则更令人心痛。亚马

↑ 枯叶螳螂（*Metilia sp.*）

↑ 同属另一种的螽斯（*Cnemidophyllum citrifolium*）的成体

↑ 苔藓螽斯（*Championica pilata*），它可以算是拟态苔藓的专业户了

↑ 一种南美特有的地衣螽斯（*Lichenomorphus sp.*），它身上的扩展仿佛都是为了模仿地衣而存在的

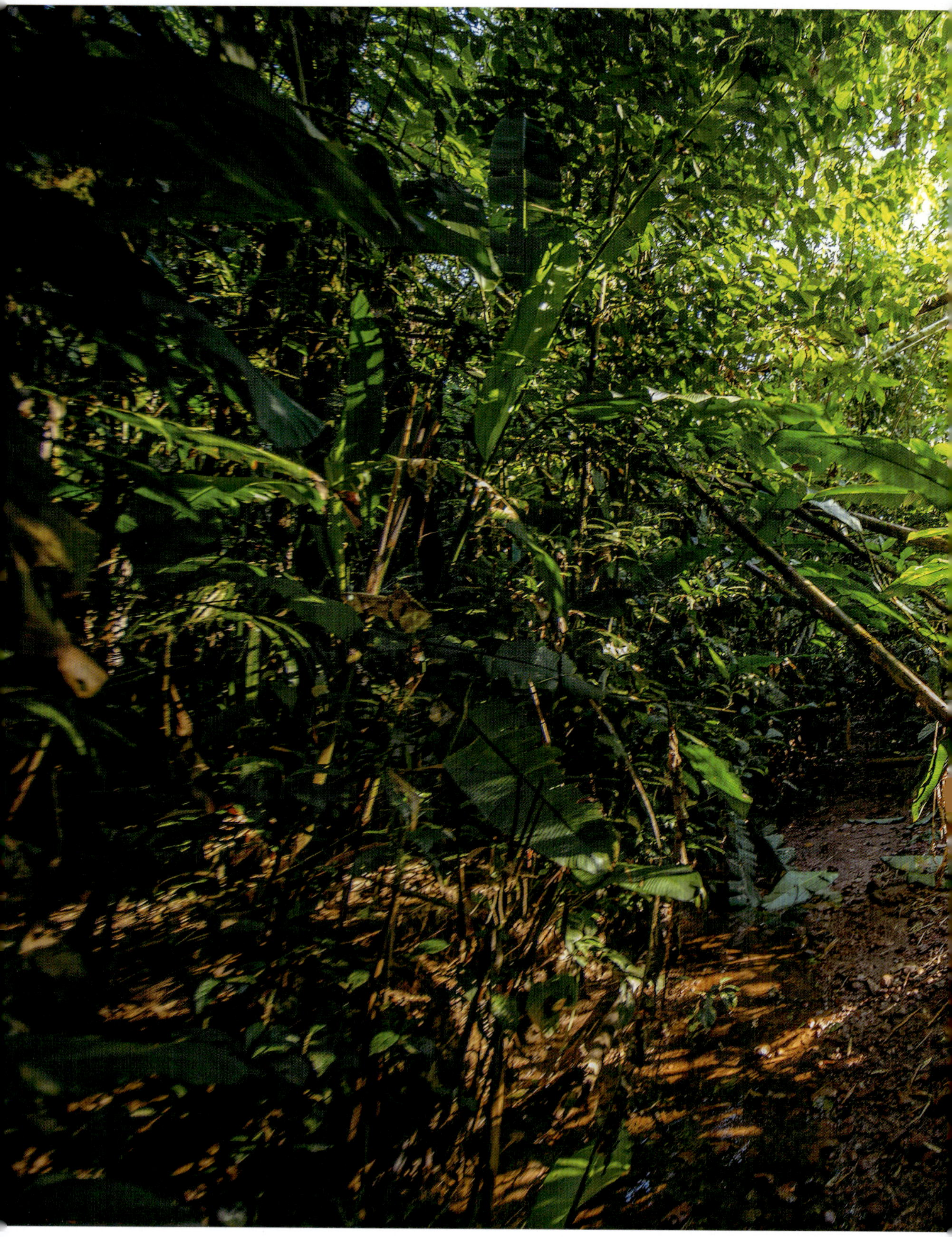

孙平原的旱季是每年的4月到10月，所以，9月底这个时间，应该是旱季最严重的时候。但是在过去的两次9月份的旅途中，每天都会有一场暴雨给丛林带来生机。因为从严格意义上讲，亚马孙丛林并没有完全的旱季。即使是在过去的5月我来到这，旱季刚刚开始时，每天也至少要下一次雨。

而这次，就在我们经历第一场雨之前，已经三周没有一滴雨从雨林的上空滴落了。

我从来没有想到过会发生这样的事情，曾经我进入丛林需要从这些河道穿越而过，因为水流比较深，我必须穿上厚厚的雨靴才能够沿着溪流行走。而如今，溪流要么完全干涸，要么只有很浅的一层，我即使只是穿着洞洞鞋也能轻松地从沟壑中穿过，甚至有些时候都不会打湿我的脚。

这些干涸的河流在告诉我，亚马孙丛林真的太干了。

我知道全球的气候都在变化，但是在局部能观察到如此巨大的反差，还是给我的心灵带来了深深的震撼。

小木屋附近的溪流

↑ 我所踩的地方，曾经会没过半个小腿，而如今却几乎干涸

↑ 2018年的同一时间，水流要丰富得多

Day13

雨季要来了

打雷了，从我来到卡内洛斯开始，这是第三场雨。这场雨，比之前下的更有气势。

我听着雨水的声音，仿佛听到了生命在复苏。水是生命的源泉，尽管我并不是很喜欢下雨，可如今，每当下雨时，我看到的是植物得到了滋润，动物得到了甘露。

亚马孙丛林的雨季终于要来了。

↑雨季终于要来了，暴雨降临，一切都显得那么安静。我窝在吊床中，静静地享受着这安宁

亚马孙丛林为何如此特别？

无论从哪个角度讲，亚马孙丛林都是世界上最特别的热带雨林。我们先从热带雨林的底层逻辑开始说起。

一片丛林要达到人类定义上的热带雨林需要满足几个条件：

首先，要有足够的温度。常年的温度保持在20～30摄氏度之间（由于海拔高度不同，这个温度可能会相应的不同，但是大致都会稳定在这个区间之内）。

其次，要有足够的降雨。只有足够的降雨量才能支撑热带雨林高速的能量转换周期。而在全世界，热带雨林的面积并没有我们想象的那么多，因为，有相当一部分的森林，温度达标了但是降水和湿度不达标；也有一些森林，湿度和降雨达标了，但是温度又差了许多。

接下来，我们聊聊那些并不是非常标准的热带雨林。

在我们国家的南方地区，有大量的森林是处于北回归线以内的。它们或多或少地被称为热带雨林，比如云南西双版纳的热带雨林、海南的热带雨林、西藏墨脱的热带雨林。但是这些森林有一个共同的问题，就是雨季旱季都过于分明了。无论是云南还是西藏南部，都地处大陆的深处，它们分别在喜马拉雅山脉与横断山脉的山脚，这些山脉在每年的5月开始，由于地球自转的角度加上洋流与热带高压的影响，会受到来自印度洋的孟加拉湾向着东北方向输入的大量暖湿气流影响而接收到大量的降雨。同时，西双版纳在8月还会接收到由北部湾的低压气旋带来的雨水，可以说，这两地的丛林在雨季时，是名正言顺的热带雨林。但是，随着雨季结束，它们又会分别迎来长达数月的干冷时期。云南的雨林，冬天不但三四个月看不到一滴雨，同时温度也非常低。

综上，这些受到季风影响较大的雨林，一般被称为季雨林。

↑ 尽管地处热带地区，但这里并不是热带雨林

云南以南是中南半岛，老挝、泰国、柬埔寨、越南都是中南半岛上重要的国家。而云南的季雨林和这些土地也都是相连的。不过令人惊讶的是，在这些土地上，非雨季的干旱程度甚至要高于北部的云南。尤其是泰国的北部，虽然森林覆盖众多，但是基本只属于季风林，因为它们的降水完全没有达到热带雨林每年至少 2000 毫米的程度。而直到东南半岛北纬 10 度左右，这一段常年受到信风带的影响，并且距离海洋更近，从而会有更多且更稳定的降水。虽然由于太阳照射角度的偏移，这些地区也会受到季节的影响，但是信风带所带来的稳定气流，让这些区域的降水更加稳定。

信风带其实就是赤道附近常年吹着同样方向的风。当太阳的直射点在赤道上时，这时候对应中国节气的春分和秋分，同时也是气候变化趋势的开始。由于太阳直射点的温度比较高，会造成大量的气流加温上升，于是在这片区域就形成了一个低压带，周围的空气会向着低压带涌入。并且，随着地球的自转，这些风就变成了永远都是由东向西的东风。在太阳直射点的北边，是北信风带，在直射点的南边是南信风带。虽然气流的变化会造成风向的变化，但是从大体上来看，信风带还是比较稳定的。

现在我们可以看看，世界上的热带雨林是不是都处在信风带移动的附近呢？

答案显而易见。

在东南亚，赤道附近的热带雨林可以说是全世界最有名的雨林群落之一。比如西马来西亚与泰国南部的热带丛林，比如东马来西亚的婆罗洲与印度尼西亚，当然还有巴布亚与新几内亚的热带雨林。在非洲大陆则更明显，赤道附近的刚果雨林和加蓬雨林，这些丛林一方面因为信风带捕获了来自西印度洋的暖湿气流，以及雨林自身的水循环，降水相对比较平均稳定。而同时，由于非洲大陆的炎热，在西侧的低压区尤其容易受到东大西洋的暖气影响，从而形成雨水较大的雨季。

最后，就是全世界最大的亚马孙丛林了。

由于地处赤道，并且紧挨着大西洋。大海中源源不断的水汽被信风带的风不断带入亚马孙丛林的深处。同时，和刚果雨林一样，亚马孙丛林的降水除了由大洋提供水汽之外，自身的蒸发也是非常重要的水分来源。有研究表明，世界上最大的两片热带雨林中水分的来源都主要来自自身森林的蒸发。与刚果雨林不一样的是，亚马孙丛林的北面、西面和南面都是高耸入云的高原，这些高原直接阻隔了水汽的逃散，把整个亚马孙丛林蒸发的水都留在了三个方向的高原处。这使得亚马孙丛林横跨的宽度足足有3500公里，也是南美这片土地上能够形成世界上最大的热带雨林的原因。

旱季的热带雨林，降雨主要来自雨林自身的蒸腾

↑干旱导致更多的树木倒塌

但是，一个稳定系统越大，可能越脆弱。亚马孙巨大的雨林面积是建立在大量的水汽自循环上的。一旦这个循环中某个环节出现了问题，很可能会牵一发而动全身。从亚马孙下游砍伐每年造成的山火就能发现，亚马孙每年的水汽自循环正在减少。下游的砍伐造成了植物蒸腾量的减少，而蒸腾量的减少造成了中上游的降水量变少，最后，变少的降水引发了干旱的问题，干旱又让更多的树木随之倒塌。这就是亚马孙丛林崩塌的开始。

当然，我无意指责谁，但环境破坏在全世界都是一个很严肃的话题。我们说，保护地球就是保护我们自己。但是要真正地找到一个平衡点，还需要我们世世代代的努力。

Day14

这河，我想下去很久了

今年，我发现我的体力已大不如从前。人类的身体机能在三十岁左右会逐渐地步入衰老期。因为个体差异，也许有些人会早一点，有些人会晚一点。而我，从2019年到2023年之间，正好跨过了三十岁大关。尽管我在心态上依旧不认为自己和四年前有何区别，甚至我根本没有想到我会进入衰老期。但是，当我再一次感受到极度困乏时，我不得不承认，那个在丛林中10天都不需要怎么睡觉的小伙子已经是过去式了。我回到木屋，这里并没有窗子，只有一个吊床和一个已经破得不能再破的沙发。

四年前，我来到厄瓜多尔，先是在山里与一位好友通宵不眠之后，来到 Huella Verde 小木屋。抵达小木屋时是正中午，我丝毫没有睡意，甚至因为刚到小木屋时就在这个破旧的沙发上见到一只雌性的叶螳，导致第二天的我再次整夜未眠。

我已经 4 天没有洗澡了，从 Jatun Sacha 开始就没有热水。但是当时我还能够在正中午的时候用冷水冲一下，然而从到了 Yanayacu 的那晚起，洗澡就成了不可能完成的任务。只有十几摄氏度的气温，加上没有热水，我可不想冒着感冒的风险冲冷水澡。

我想起 2016 年 3 月，我独自一人在哥斯达黎加的山林里住了 7 天。那也是一个没有水的日子。我熬了 7 天没有洗澡，不过好在最后一天我还是定了一个旅馆，给全身都好好地冲了一下。

Huella Verde 小木屋没有水，这并不意外。本身因为旱季，水箱里就藏不了多少水。这时，我想起了山脚的博沃那扎河。那是一条比较湍急的河流，但是我记得并不深。加上如今干旱，在我跨过吊桥的时候我就注意到河流的河水已经很少了。

我叫上小全，问他："你会游泳吗？"

"不会啊！"小全回答。

"我去山下的河里游个泳，你去不？"

"好呀！"

与其说是游泳，倒不如说我是想跳入河水中洗个澡。

我来到山脚的河边，少雨的一个好处是，因为上游的冲刷量不大，所以河流的河水相对清澈得多。这些水，都是从安第斯山脉的雪山脉流下来的泉水，由于我们所处的地区并非盆地，河道中的泥沙并没有下游那么多，河水看上去还算清澈。我脱下衣服，踏入水中。

卡内洛斯人，依旧保持着比较原始的生活习惯。在现代化社会演化的冲击下，这里有相当一部分人过着以卖木材为生的生活。

"我记得你科普过，不能喝野外的水。"小全站在岸边朝我喊。

"确实，其实不但不能喝野外的水，也不能随便下到野外的河里游泳。"我说。

"那你还下去，这是错误示范了。"

"哈哈，你看我站起来，这个水只到我的膝盖。我游泳还是不错的，放心，我肯定不会去很深的地方。而且这条河现在已经没有深的地方了。"

我走到博沃那扎河的中间，河水只没过了我的大腿。

回到岸上，我明显感觉清爽了不少。又吃了一个可可果之后，我和小全打趣："我感觉我们就是在这里度假呀！"

"那我们要不要去打猎？"

"打什么猎啊，我可是一个环保斗士！"我说。

"但是如果遇到我们没有食物的情况，是不是就算杀掉一个野生动物也没事？"小全问我。

"道理是这个道理，但是你不要被那些探险综艺片给骗了，你看，在野外找到野生动

↑ 终于有机会下河了

物其实是一件很难的事情,你还记得我们在 Mindo 看到的那些负鼠吗?"

"记得记得,那些家伙老大了,估计还真能吃。"

"但是你想想,在雨林里,你抓到它,要把它宰了,还要生火烤,甚至没有味道的话你还要想想怎么加点调料。有那工夫去丛林外面买一只烤鸡好不好!"

"可是如果万不得已呢?"

"不要让自己到万不得已的境地,事实上,对于我们大部分人来说,与其去学习如何在极端的环境下求生,倒不如多花点时间去学习如何避免让自己进入极端的环境中。"

↑卡内洛斯人拉着砍伐的木头,穿过河流

↑番茄炒蛋是每个中国人的拿手菜

→非常简单,把鸡肉切开,烧水煮就行了

Day14 这河,我想下去很久了 | 199

大自然的残酷远远超过我们人类所能承受的范围，多年野外探险的我深知这一点。而我对于探险的观念，永远都是要保证自己有足够的退路。

我们回到木屋，开始准备吃食。前一天我们靠着泡面度日，后来发现泡面实在是有点难吃。于是，我们决定自己做一顿饭。

与其说是做饭，倒不如说是把食物搞熟。

野外生火，是所有野外求生中的一项必修课。我其实并没有太多的野外生火经历，毕竟我在规划我的探险行程的时候，会尽量避免掉这种情况的发生。不过当真的需要生火时，这也不是什么难事。

在高温高湿的环境下，食物变质的速度也加快了。我们不得不把没有吃完的鸡肉忍痛扔进了大自然中。

小木屋没有窗户，所以蚊虫可以轻松地飞到屋内叮咬我。蚋、蚊、虻是当地最多的咬人昆虫，尤其是虻。晚上，我不得不穿上卫衣、长裤和袜子，把自己包裹得严严实实，躺在小木屋的沙发上昏昏沉沉地睡去。

接近拂晓时，我被冻醒了。

我才意识到，即使是热带的亚马孙平原地区，夜晚的气温依旧是非常低的。最大的原因还是丛林本身没有城市那样的热岛效应，虽然白天接受了大量的热辐射，但是也都会因为傍晚的大雨和气流把热量带走。

其实，在地球上大部分的热带地区，尤其是植被覆盖率比较高的区域，都会出现即使白天很炎热，夜晚却依旧十分凉爽的情况。

我又套了一件衣服之后，准备起来，此时，天还没有亮。我来到小木屋后侧的山上，前半段路已经没有大树了，我依旧记得当年走在这里的时候，我还需要砍刀来消除路上那些阻挡我的灌木丛。

我沿着斜坡来到坡顶，脚踩在地上发出清脆的断裂声，然而，即使在如此干旱的环境下，地上依旧有一些蔓绿绒在顽强地生长着。我知道大树被砍伐了之后，虽然林下被暴晒在太阳之下，但是依旧有一些植物靠着它们藏在土里的茎，继续努力地生长。我相信，这一片被砍伐的山林在经过一段时间之后一定会恢复。

我继续往上走，我们的灯诱帐篷就架在此处，夜晚的风并没有把它吹倒。几只飞蛾绕着高压汞灯起舞，偶尔发出翅膀扇动打到灯泡的声音，"呼啦、呼啦"的。

走过灯诱帐篷，上方是茂密的原生林。我走入原生林中，踩着落叶继续向上走了大概十分钟后，看到两个巨大的水桶。看来这就是 Huella Verde 小木屋的用水来源了。水桶中接着一根水管连到山上，我把头凑近水桶看了看，发现确实没有多少水了，水管中也只有滴滴答答的一点水从山上流下来。

这时，突然一只蜂飞到了我的脸上。我一惊，马上先把眼睛闭上，防止它的针刺到我的眼睛。随后我还是噘起嘴，向着自己脸上吹气。我知道，如果我用手拍很可能引发蜂的应激反应而直接发起攻击。好在我只吹了一下，这只蜂就飞走了。我睁开眼，正好看到它降落在前方的一棵棕榈上。它的触角不停拍动着，看着像马蜂一类的蜂。

不过，当我观察到它的后足时，我的震惊之情不亚于看到一只"会上树的猪"。这原来不是什么蜂，是一只螽斯。

拟蜂螽的外形、体色以及行为模式完全是按照蜂的模板来生长的。因为螽斯没有蜇针，

→一只拟蜂螽（*Aganacris nitida*）差点被我误认为是马蜂

↑旌螳（*Acanthops sp.*），雄性的成体相比于雌性体型要小得多，不过翅膀相对发达不少。这便于它们在丛林中飞行，寻找雌性

也没有毒性，它们为了生存下去只能剑走偏锋。一部分的螽斯选择与环境融为一体，一部分的螽斯选择苟且偷生，而这种螽斯则直接选择打不过就加入。通过模仿有毒的昆虫，可以大大地减少天敌进攻的可能性。

我盖上了水桶上方的盖子继续向上走，发现原生林实在过于茂密，试了几次都只能前进数米而已。我只好又退回水桶边上，这里已经被厚厚的植物爬满了，看来 Chris 真的已经很久没有来了。

2017 年，我刚来的时候，Chris 与我聊过他想把这一片超过一千五百公顷的山卖掉。当时的我认真地听了他的报价之后，很快确定了自己今后五年的人生目标。30 万美金，对于拥有两片可可园、一片香蕉园，以及三间小木屋的这一片山区来说，并不算一个很高的价格。

不过在那之后，我的情况也发生了不小的变化，拥有了女儿的我不得不把这个计划搁浅。只不过，我经常会憧憬：如果我拥有了这一片土地后，我会对它进行丛林改造，进行木屋升级，以及给我的朋友们提供一个可以深入亚马孙丛林观测的场所。

灯诱帐篷上，有一只黑色的螳螂，正是之前在 Jatun Sacha 看到的旌螳的雄性成体。

↑巨大的叶子总能让我有一种想要合影的冲动

Day15

食物短缺，决定离开小木屋

在山上转了一圈之后,天已破晓,清晨的阳光从雨林的上空洒进丛林里,早起的鸟儿们开始争相歌唱。灯诱布上,夜间的昆虫们已经飞走了一半,剩下的那些不肯离去的还停留在已经不再是纯白色的帐篷上。也许,要等太阳完全出来之后,它们因为黑夜被冻僵的身体才能重新活跃起来。

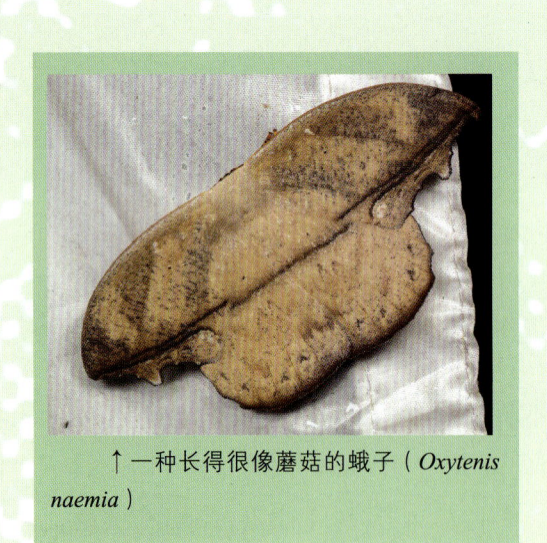

↑一种长得很像蘑菇的蛾子(*Oxytenis naemia*)

早餐没有太多的选择，来时买的面包抹上已经干了的巧克力酱，再切个可可果，就算早餐了。

我们来到吊桥上。桥下，卡内洛斯的村民正在从吊桥的对岸运送木柴。一个强壮的男人从 Bobonaza 河的一侧把锯成统一长度的木头用绳子捆好，丢在河中，然后自己跳入水中拉着木头游到村庄的那一侧。靠山吃山，这是所有山里人的生存法则。事实上，卡内洛斯人的砍伐非常有节制，他们深知，这个村庄的一切都是大自然赠予的。所以，村民们从来不会一次性把整片林子的树木全部砍伐殆尽，而是分批次地按照树木生长年数来进行适度的砍伐。

村民们也看到了我，挥手向我示意。我在这个村子里也算是小有名气了。2017 年的那一次亚马孙之旅，我第一次来到卡内洛斯村庄。当时还是个毛头小子的我，拿着手机上叶䗛的图片去村里挨家挨户问了个遍。以至于后来在村里就传开来了，有一个来自中国的小伙子专门来到村里寻找螳螂。当后来 Chris 以及另外一位国外社交软件上的外国友人告诉我这个传说时，我不禁笑得前仰后合。

我们在吊桥上飞起了无人机，通过屏幕，从高空俯瞰着这座代表着我梦想的小桥。无人机越飞越高，我可以看到远处的山峦，可以看到奔腾的河流，以及在丛林中渺小的我们。

中午，在返回小木屋的路上，我看到小木屋前门的木头栏杆上趴着一只巨大的蝗虫。等我走近蝗虫时，它并没有动。这只蝗虫太大了，可能正是因为巨大，所以行动能力比较迟缓吧。昆虫的神经系统相对比较原始，当昆虫的体型比较大的时候，它的反应速度远远没有小的时候那么快。

↑ 在丛林中的我，是微不足道的尘埃。但是我想用我的力量，把丛林中所有的美好都展现给世人

← 泰坦蝗（*Titanacris humboldtii*），这是一种巨大的蝗虫，体长可以达到十几厘米。比国内的棉蝗还要大一圈。就算我的手放在它旁边，它也没有逃脱

→一只翅膀上长了"霉斑"的露螽

小木屋旁边的帕斯塔萨蔓绿绒（*Philodendron pastazanum*），是帕斯塔萨地区最强势的天南星科植物之一。几乎在任何地方都能看到它们的踪迹，在过去的 4 年内，它以及以它作为亲本杂交出来的麦克道尔蔓绿绒都是国内热带植物市场的宠儿

随着在小木屋居住的时间变长，我们的食物也越发短缺起来。面包已经吃完了，方便面也空了，本来准备的鸡肉也因为没有妥善保存而引来了昆虫，最后不得不丢弃。看来，今天是在这里的最后一天了，我可不想过上要去杀害野生动物的日子。

午后的烈日让整片森林都显得闷热无比，但是我感觉有些寒冷，我的身体不由自主地抖了起来。我躺在木屋的小沙发上，意识有一些模糊。我感觉脑子像是快要炸开了一样。也许是连日的劳累，让我的身体终于提出了抗议，我意识到自己可能发烧了，但是身边并没有温度计。

"多喝水！"在这个时候我的理智告诉我，千万不能在丛林里病倒。我挣扎着起身，拿起矿泉水瓶一股脑儿地灌了下去，祈祷只是太热了有点中暑而已。或许我真的已经过了那个永远都活力充沛的年纪，尽管我对大自然的激情依旧不减。今晚，要不就算在亚马孙丛林的最后一晚吧。

← 凤冠蟾蜍（*Rhinella margaritifera*）是亚马孙地区非常常见的蟾蜍之一。它们成体的体型和国内的中华大蟾蜍相当，加上身上有着和枯叶一样的保护色，令其难以被察觉

↑ 螳螂（*Thesprotiella sp.*）

↑ 蚕蛾（*Eacles penelope*）

← 极为漂亮的蟑螂（*Eushelfordia pica*）

Day15 食物短缺，决定离开小木屋

忽然，我发现了一种非常漂亮的蟑螂。当然，说蟑螂漂亮好像有一点奇怪，因为大部分人对蟑螂的印象都不怎么好。其实，每当我们想到一个物种的时候，我们脑海里跳出来的不单单是这个物种本身，而是这个物种所包含的一切信息。

大多数人对于蟑螂的印象，除了那种飞快爬行的小强之外，还有更多的是它们的栖息环境。脏、乱、差、潮湿，这些都是都市蟑螂给人们带来的印象。还有一些人很害怕飞蛾，因为飞蛾总是在夜间出现，而大多数人是惧怕黑暗的。

然而，这个世界上的蟑螂有上千种，其中相当一部分蟑螂是非常爱干净的。就比如这只黑黄相间的蟑螂，它和我们熟知的那些都市蟑螂不一样，它来自丛林，是生态循环中的重

↑骷髅头蟑螂（*Blaberus giganteus*），是亚马孙地区最大的蟑螂之一

↑这蟑螂真的很大

当夜晚的水汽还没有散去时，阳光洒进来，宛如仙境一般

要一环。这种螳螂身上没有油腻腻的污渍，有的只是大自然的气息。

讲到这就不得不说一下另外一种当地的蟑螂了，这种蟑螂因为胸部的背板上有一个类似于骷髅头的图案，被一些爱好者称为骷髅头蟑螂。虽然名字听上去很不吉利，但是这种蟑螂却是很多昆虫爱好者追求的明星物种。原因有二：一是它的体型很大；二是因为在大型蟑螂里，它们的颜色是最亮的，明显区别于其他那些黑不溜秋的家伙。

阳光透过晨雾，洒在亚马孙丛林上，也许是因为知道今天是我们准备离开的日子，大自然决定给我们展现它最美好的一面。

Day16

夜晚被困山中

在 Huella Verde 的日子让我感到非常的快乐，但是快乐的时光一定是非常短暂的，六天的丛林生活很快结束了。我和小全决定回到安第斯山脉的西侧，做出这个决定之前我思考了很多。距离回去的日子还有四天，而在亚马孙丛林，我们已经居住了十余天，尽管由于旱季和气候干旱，有许多动物都比之前要少许多，但是大多数能够发现的物种，我们都有幸遇到了。所以，我相信之前只探索过三天的安第斯山脉西侧还有很多值得我们重新拜访的地点和更多的精彩在等待着我们。

↑ 与 Luis 告别的时候，我差点哭了出来

↑ 路边，一只蓝色的闪蝶（*Morpho menelaus*）挥动着翅膀，向我们告别

清晨，尽管很不舍，但是我们还是带着行李，离开了小木屋，走出了丛林。

"我每次离开这里，都会给自己许下一个承诺，说我还会再回来的。"我边走边对小全说。

"所以你之前每年都来吗？"小全问。

"是呀，我第一次来，只是在网上查到了这个地方，当时就觉得住宿便宜。"我拉了拉快掉下来的肩带，继续说，"然后我来这里之后，Chris，我估计他也是一个人住在山里很无聊，那时候我白天也不出门，于是我们就总是聊天，感觉还挺投机的。其实，主要还是因为我喜欢待在丛林里的感觉。"

"确实，这里虽然住得比较艰苦，但是环境是真的好。"小全附和道。

"然后我走的时候就和他说，我还会回来的，那是第一次说。其实，当时我也就是说说而已。结果没想到，第二年我还真的回来了。然后第三年又来了，这下我就相信我真的会每年都来的。"

"原来如此，那你明年还会来吗？"

"应该会吧。"我说。

我们来到了吊桥，这是我第四次通过吊桥踏上回去的路。

回到了停在吊桥边上的汽车旁边，Luis 已经知道我们要离开了，特地来帮助我们运送行李。和之前的三次一样，我看着他说："我一定会再回来的！"

和来的时候不同，回程时我决定换一条路开——E30 道路。从 Puyo 西侧直接进入安第斯山脉，在海拔 2400 米处还有世界上最有名的秋千——Banos 景点。

我们驶出了 Puyo，阳光明媚的上午让我的心情也无比愉悦，虽然离开亚马孙平原让我感觉有些不舍，但是安第斯山脉另一侧的丛林好似在召唤着我。那侧丛林中的神秘面纱还没有被我揭开，而最后的两天则是我们最后的机会。

我们开车驶出了卡内洛斯，返回 Puyo 城。在行驶的路上，一只停在路边的蓝闪蝶扇动着翅膀，在阳光下发出夺目的光芒，仿佛也在向我们告别。

道路的左手边是一条巨大的河流，这就是帕斯塔萨河。沿着帕斯塔萨河一路向西，重新开始感受海拔攀升的感觉。这条道路相对平缓，没有太多的坑洼，车辆一直都能以一个均匀的速度行驶。路上有很多小镇，有一些看上去十分安静，好像并没有人光顾，而有一些则人声鼎沸，有一种闹市区的感觉。

E30 的海拔并不算高，因为建造的时候是从两段山坳里穿越出来的，这也是安第斯山脉上并不多见的缺少山脉层的地方。海拔一直持续在 2000 米左右，这一天，我们再也没有见到云雾缭绕的山谷和高原戈壁。

我们来到了厄瓜多尔中部的安巴托（Ambato）市，随后一路向北。

安巴托是厄瓜多尔中部的一座城市，距离首都基多 150 公里。这座城市有 40 万人口，虽然不大，但是文化氛围可以说比基多还要浓厚。市区经常举办各种各样的活动，甚至就在我们到达的当天，市里由于举办活动而封锁了不少的道路。这也给我们这样的外地车辆行驶造成了很多麻烦。

↑安巴托市的公共墓地，每个人的墓碑都很有个性

　　道路的前方出现了一座雪山。没有见过雪山的小全显得很激动，拿起相机之后感叹："可惜没有带长焦！"

　　"哈哈，那你一会儿用无人机飞一下。"

　　"这是什么火山？"

　　"你拿地图看一下吧，安第斯高原这边很多火山，好像是 Cotopaxi 吧，确认一下。"

　　果然，小全确认了地图之后说："这你都知道？你是活地图吧？"

　　"没有，因为我来过很多次了，所以自然清楚，有时候我比当地人还要了解厄瓜多尔，不过仅限于自然地理这一块。"

科多帕希（Cotopaxi）火山，海拔 5800 米，是厄瓜多尔中部的一座活火山

科多帕希火山是厄瓜多尔第二高的火山，非常活跃。在过去的 500 年间喷发了十几次，在 1698 年那次的喷发中，直接摧毁了拉塔孔加城（Latacunga）及附近村落。而作为有多动症的火山，它平时也不闲着，小喷发不断。有事没事就给厄瓜多尔扬一点火山灰，最近的一次就在今年的 5 月，把火山灰直接喷到 8000 多米的高空中，直接影响了一部分航班。

在科多帕希火山脚下吃了一顿简单的午餐后，我们继续向西行驶，重新进入了安第斯山脉的西侧。

↑厄瓜多尔所有的餐厅都有这道"盖浇饭"，这算是南美版的沙县小吃吧

这一次的路线和我们第一天前往 Mindo 的有所不同，我们从基多南部的 E20 道向西进入西侧丛林。在路上，还遇到了一些小插曲，沿路有一辆侧翻的卡车挡住了我们的去路，在等待了将近半小时后，我们才得以继续前行。沿途的路都被云雾覆盖，透过车窗向外望去，有的只是一片白茫茫的云雾。

←再一次见到了垂直落差几百米的瀑布

我们开在 E20 公路上，这时，我发现路名和我们通向苏马科火山的公路是同样的编号。我查了一下地图，发现基多两侧通向安第斯山脉的公路都是 E20。这是一条交通非常繁忙的路，一路上有许多"擎天柱"一般的大卡车在行驶。看来这条线路对于厄瓜多尔的经济有着重大的意义。

繁忙的道路意味着道路边上的小镇也充满了烟火气。在行驶过第五个路上看到的小镇之后，我看着天色已晚，于是便决定就在这路边的小镇凑合一晚。

小镇的名字叫 Lelia，镇上人气很旺，几家餐厅播放着震耳欲聋的音乐。南美人的那种今朝有酒今朝醉的气质体现在每一寸土地上。

吃好晚餐，正好看到旁边有一家旅馆，前台非常小，是那种典型的老式招待所。我透过一个小窗口和里面的一位老太太表达我们想住宿一晚。旅馆的住宿非常便宜，两个人只需要 20 美金，甚至还包括了洗衣房的使用。定好了房间，把所有的行李全部安顿好之后，我打开卫星地图查看周围的环境。这并不是一个很好的选择，因为我发现，这片地区似乎并没有太多的热带雨林。取而代之的则是满目疮痍的农场，如同一块块补丁一样，铺满了整片山区。我不得不承认，厄瓜多尔是一个非常出色的农

↑我们来到一家餐厅门口，热情奔放的厄瓜多尔女士看到我二话不说，就把一大块肉放在烧烤架上烤了起来

↑这片区域，山上的很多地方都被当成了农场

业国家，事实上，能拥有一片自己的农场也是我的梦想之一。

曾经，我在 Mindo 入住树屋时，当时的负责人 Merlin 和我说，我住的那一片丛林十年之前也是农场，但是老板买下了那片农场之后，便开始做生态恢复。他们只是停止了砍伐树木，并且把一些小树苗从丛林中移栽了过来。经过十年的改造，曾经的农场已经变成了非常茂密的树林。要不是 Merlin 告诉我，我根本无法想象当时我站在的地方曾经是一片给当地的牛马吃草的牧场。

大自然的修复能力是很强的。

拥有一片农场，并让它重新恢复成热带雨林，我想这就是我今后一定要做的一件事情吧。

我们重新坐上汽车，从地图上发现周围零散的农场之间，夹杂着一些更为细碎的丛林。这些片段化的丛林无比的眼熟，我想起在云南、在泰国也经常遇到这样片段化的森林。

没有硝烟，实际上，这是人类活动和自然之间的原始争夺战场。森林因为遭到了砍伐，只在一些沟谷中分布。许多野生动物也因为栖息地的缩减，而聚集在这少得可怜的环境之中。在中国的西双版纳，大量的山林被砍伐改种橡胶树、茶树和香蕉树。在这里，情况也大抵相同，整座山被分为农场和香蕉树园。

不过，我在开进山路时还是看到了一些非常小的丛林。对于大自然来说，即使是这些非常微小的生存环境，也能构造出令人惊叹的生态系统，尽管它们都无比的脆弱。

入夜时分，蛙类从白天躲藏的缝隙中钻了出来，开始了它们的歌唱。我们很幸运，即使是在自然环境并没有那么完美的情况下，刚下车的我就找到了一只非常漂亮的树蛙。

↑ 尽管都是农场，但是在这些一小片一小片的丛林中也能找到不少动物，从另一个角度看，是不是因为环境的破坏导致动物们只能挤在这个狭小的空间里呢

↑ 玻璃蛙（*Espadarana prosoblepon*），分布在安第斯西侧高海拔云雾林中

↑ 树蛙（*Dendropsophus carnifex*）

↑ 一种当地很常见的蛙类（*Pristimantis sp.*）

自从在 Yanayacu 保护站，Jose 告诉我寻找玻璃蛙要通过听它们的声音来寻找之后，我发现寻找玻璃蛙就变得简单无比了。它们会在刚入夜时鸣叫，所以晚上七八点的时候，天色刚暗，来到溪流附近的灌木丛中，等待玻璃蛙的叫声，随后就很容易找到。等入夜之后的两小时左右，它们的叫声就不那么频繁了。

但是当我们试图下山的时候，却遇到了一件非常棘手的事情。

下山的路被一道路闸给拦住了，我们开车进山时并没有看到任何标识与告示。我和小全跳下车，发现路闸上有一把铁锁，看来是被附近的村民给锁上了。我们着急地四处张望，路闸出去就是一个类似于工厂宿舍的房子，我们猜想，锁门的人很有可能住在这里。于是我翻过路闸，从斜坡下山，跑向房子。房子里亮着灯，看来里面有人。

"有人吗？我需要帮忙。"我用英语喊了几声。虽然我知道当地人大概听不懂，但是我希望他们能从语气中感受到我的焦急。

一个女人开了门，很警惕地看着我。

"你好，我就是想问一下，那边路上的那个路闸，你知道怎样才能打开吗？"我边说边比画，指了指被困在山路上的车。

很显然，女人知道我在说什么，她对我说了一长串的话。很可惜我并没有听懂，我从来没有像现在这样希望自己会说西班牙语。我拿出手机，可是手机没有任何信号，我也没有办法通过互联网的翻译软件给她表达我的意思，或是明白她说什么。

女人说完之后，就进屋打电话了。她进屋之后还把门给关上了。此时的我应该想，她可能是在打电话找人来开锁吧，于是我在门口耐心地等待着。

等了五分钟后，女人还是没有出来，这让我开始有些焦急，她到底在做什么？如果有人来开锁，她至少应该告诉我一下吧。过了一会儿，我透过门缝看到女人回到了门口，她也警惕地透过门缝向外面望了望。当她发现我还在的时候，她似乎喊了一下。

不一会儿，门开了，出来的是刚才那个女人，以及另外两个男人，令我感到不安的是，其中一个男人还带了砍刀。

我急忙继续用英语和他们交流，虽然英语和西班牙语并不是属于同一个语系，但是毕竟都用英文字母，可能总有一些词语是差不多的，总归比我用中文要更好吧。

三个厄瓜多尔人走向我的车，我心想终于有钥匙来帮我开路闸了吧。来到我的车前，我再次问他们："我们是来旅游拍照的，如果你们能帮我把路闸打开就太感谢了！"

女人看了看路闸，再次向我说了一大堆话。但是我完全没有办法听懂。

"请问你们有 Wi-Fi 吗？我可以连接我的手机翻译。"我再一次试图沟通，但是并没有任何效果。

我相信他们应该能明白我的诉求，但是估计钥匙不在他们的身上。女人又在打着电话，可能是找能开锁的人过来吧。打完了电话，女人又和我叽里呱啦说了一堆，我只好笑笑摇摇头。这样的沟通如鸡同鸭讲，完全没有任何信息上的交流。

"我需要 Wi-Fi，这样我可以用手机翻译。"我再次说，但是我没有办法用肢体语言把我的意思表达出来。

不过最后，似乎是那个拿着砍刀的男人

↑整个南美洲随处可见的拟叶螽（*Typophyllum mortuifolium*）

↑高海拔的夜晚十分寒冷，但是树蛙们却愈发活跃

↑夜色中，透翅蝶就算被照到，也不那么明显。因为它那透明的翅膀如同偏振玻璃一样，没有什么反光

Day16　夜晚被困山中

↑夫氏阿诺利蜥（*Anolis fraseri*），正趴在树叶上睡觉，在我的闪光灯一闪而过后，它睁开了眼睛，似乎很不情愿被吵醒

反应了过来，他对着女人说了几句话之后，女人拿出了她的手机，调整到了网络翻译界面，说了一句话。

我看到她递过来的手机，上面写着"你叫什么名字？"

虽然很无厘头，但是我回答了："我叫Jason。"

我还以为女人会继续提问，没想到她停止了提问，继续和男人在交流着什么。

他们应该会想知道我们是来做什么的，我思索着。毕竟一个奇怪的亚洲人开着车进山，总归会让人怀疑吧。

想到这，我回到车上拿出了我的相机。

"我们是游客，你们看，我是来山里拍摄照片的。"说着，我把相机里的照片调取出来拿到他们面前。

也就在这时，他们似乎恍然大悟，尤其是男人看我的眼神也瞬间没有了敌意。正当我还在纳闷的时候，我看到女人拿出了一串钥匙，麻利地打开了路闸。还愣在原地的我这才明白，原来他们只是因为之前一直不清楚我到底是来这里做什么的，所以才一直问。不过他们为什么不直接用翻译软件问呢？这不就节约了大家的时间吗？尽管疑虑重重，但是好在我们今晚不用因为车辆没法驶出山里而被困在车上了。

当我们从山里走出来之后，天空又飘起了雨点。伴随着打雷的声音，雨越下越大。

"要不回去休息一下吧？"我想着这雨应该马上就停了。

"行啊，这雨那么大也没法拍。"小全说。

伴随着"噼里啪啦"的雨声，我们顶着雨水回到旅馆，这也是我们连续两周以来，晚上结束得最早的一天。尽管我们嘴上说着雨停了再出去，但是想着外面有的并不是原始森林，而全都是不知道有没有被打过农药的田野时，我们的身体已经贴在床上不想动弹了。

"明天去哪里？"小全问。

我思索着，想着要不要回 Mindo，因为短短三天实在没有办法把那片丛林探索完。如果再来两天呢？我也说不好。

"要不咱们再去一趟 Mindo 吧，毕竟之前三天感觉都没看到很多动物。"我说。

"行啊，那明天咱就走呗。"

"好。"

说罢，我们便关灯睡了。

Day17

重回 Mindo 花园

第二天清晨,当我睁开眼睛时,雨已经停了。我看向窗外,晴空万里,一朵朵白色的云朵像棉花一样飘在空中。

↑从 Lelia 镇上空望去，平坦的农场就像地毯一样，一块一块地铺设在每一个山头。那些被挤压在角落中的森林，是野生动物们最后的避难所

我们在附近吃了早餐之后，便驱车出发了。

"怎么样，我们要回到 Mindo 了！"我感觉就像是给我自己喊口号一样。是啊，兜兜转转，居然最后要回到 Mindo 山谷，在哪里开始就在哪里结束吗？但是至少，Mindo 山谷的植被可要比这里好多了。

重回 Mindo 山谷的路上，我总是有一股惆怅的感觉，我不知道是因为南美洲之行即将结束，还是单纯的不太甘心去到同一个地方。我们从 Lelia 出发，来到 San Domigo 城，然后向北走。这样，我们相当于是从 Mindo 山谷西边往东开，沿途要经过安第斯西侧低海拔的区域，这也是我们本次旅途中唯一没有去过的地貌。

Lelia 镇的海拔其实已经属于低海拔了，海拔在 800 米以下，但是显然不够低。在丛林地貌中，海拔 1000 米是一个分水岭，由于低纬度地区积雨云的高度一般在海拔 500~1000 米。那么，在 1000 米海拔的区域就刚好处于低海拔积雨云的高度。这也是为何云雾林一般都在海拔 1000~2500 米之间。海拔超过 2500 米的地方由于温度太低，不太容易形成大面积的森林。

而在低海拔之中，海拔 500 米也算是一个分水岭。超过海拔 500 米的地区即使白天炎热，晚上也会相对比较凉爽甚至让人感到冷飕飕的。而低于海拔 500 米那就是妥妥的平原，晚上最多不热，要想很凉快只能等待下雨了。

所以，在路上能够下探到海拔 500 米以下，我还是有点小期待的。我想着如果路上能

↑ 农场，一片接着一片的农场，在沿途的道路上我几乎看不到任何原始森林

↑ 皮钦查（Pichincha）火山，是一座比较活跃的活火山

遇到环境很好的落脚点，那么我们就直接就地安排也不是不可以。然而，事与愿违，在卫星地图上查看的时候我便发现安第斯西侧低海拔地区似乎看不到植被覆盖较大的区域，大部分都是淡绿色的区域。在卫星图上淡绿色基本意味着农田或者草原。而当我们一路向北开去的时候，发现果然如此。

看着这一路的农场，我只好叹息。

"好吧，看来我们还是要去 Mindo，不然，在农场边上只能找找小蝗虫、小飞蛾了！"

"那我们住哪？还是住 Mindo 花园？"

"也行，Mindo 花园确实挺好的，说不定还能找到叶螳呢，这次只看到了一只母的，有点不甘心啊！"

好吧，看来最后，还真的回到了原点。

道路的前方再一次出现了一座雪山，那是山顶距离我们 50 多公里之外的皮钦查火山。

皮钦查火山有两个山峰，海拔都在 4700 米左右，其中靠西的那座山峰是活跃的山口。两座山峰还有不同的名字，西部的那座比较活跃的当地人称之为瓜瓜皮钦查（Guagua Pichincha，意思为"小孩子皮钦查"，应该是形容它比较年轻活跃），东部的那座被称为东峰鲁库皮钦查（Ruku Pichincha，意为"老人皮钦查"，同理可以得出是为了形容它并不活跃）。由于火山口附近的岩浆活动释放了大量的硫与水蒸气，被极高的海拔带来的低温所冷却。所以，我们会发现活跃火山口一直都会有云的存在。皮钦查火山曾经在 1999 年爆发过一次，当时整个基多市区都被铺上了厚厚的火山灰。看来在火山附近生活也并不安全。

不过，正是因为火山的活跃，才造就了当地生态的多样性。地质运动不断地改变着地球的地貌，也不断地把充满养分的物体撒向大自然。就和小亮老师说的一样，火山虽然带来了毁灭，却也带来了新生。纵观世界上生物多样性最高的区域，都是地质灾害和火山活动比较频繁的区域。

Mindo 山谷其实也是皮钦查火山西部山坡下的一处山谷。无论是 Mindo 河还是艾丝美拉达河，全都是从皮钦查火山上奔流而下。Mindo 山谷的物种多样性，也是受到了皮钦查火山的影响。

中午时分，车辆终于来到了 Mindo。两周未见，一切都没有改变。之前南美洲的每一个地方，重游的时候都是下一次的探险之旅。而这次好像有很多地方都跑

↑山路的边上，一只马被拴在路边，等待它的主人

↑ 时隔两周的故地重游，确实非常的戏剧性

↑ 在 Mindo 时，向我们推荐 Maquipucuna 的路人

了不止一次。"看来啊，以后要换个国家了，不然再这样下去，我要变成厄瓜多尔人了！"我自嘲道。

车辆来到 Mindo 花园的门口，Rod 不在，他已经回基多了，只留下两个工作人员。工作人员看到我感到非常惊讶，她们可能以为我早就结束了行程，却没想到还能再一次见到我们。

我们进行了简单的问候，便直接来到了 Mindo 花园停车场边上的山路上。最后两天了，当然不能浪费时间呀！

晚上，我们去镇上寻觅晚餐。我是一个非常喜欢烟火气的人，以往，每当去一个全新的城市或者乡村，我更喜欢去寻找集市、地摊这样可以让我感受到当地风土人情的地方。我在 Mindo 镇的路上就发现了一些摆烧烤摊的商贩，迅速走进一个摊位。在摊位的边上站着两个男子，他们看到我亚洲的容貌，其中一个哥们就与我攀谈起来。他的英语非常棒，在聊天的过程中，我向他们表达了我们来到南美洲探险的目的。

"你们应该去一个地方——Maquipucuna，那是一个非常美丽的生态保护区。"

从那之后，Maquipucuna 这个词语就一直萦绕在我的心头。除了得知这是一片保护得非常完好的生态保护站之外，这个词语的朗朗上口也让我记忆深刻。它念起来就像是"马奇噗醋呐"，很有节奏感。

Maquipucuna 距离厄瓜多尔的首都基多非常近，大概只有 80 公里的路程，从 Mindo 过去，似乎也不远。作为我们本次旅行的最后一个落脚点，很显然它的地理位置非常完美。从保护站到机场只需要一个半小时左右的车程。我们的飞机是第二天的下午三点，所以我们只需要在保护站住一晚上，第二天早晨出发回到机场即可。

旅途即将接近尾声，自然会有无限的伤感与不舍，这种感情从离开亚马孙丛林的那一刻就一直围绕着我。但是我也非常感谢这种涌上心头的情感，因为它源自于我内心对热带雨林无限的热爱。也只有这种热爱，才会驱使着我一次又一次地回到狂野的自然世界。

行驶到 Maquipucuna 的路正如我想象中的一样，非常难开。当然，这一路走来，好开的路本来就不多，我倒也习惯了这一路的颠簸。在靠近 Maquipucuna 的地方，路过一个小镇，我看向手机，依然没有信号。我甚至怀疑当地人到底是如何与外界取得联系的。

这个小镇并没有名字，然而却有一个巨大的足球场。我不禁想起南美洲的足球，虽然不一定是世界最强，但是永远都在世界足球界中占有一席之地。而这样的地位可能就来自于南美洲当地的孩子们对足球的热爱吧。

穿过了小镇，车子驶向了雨林之中，沿着奔流不息的河水一路向东。前方出现了一座木质的大桥横跨在奔腾的河水之上，看来桥对岸就是 Maquipucuna 自然保护区了。

↑一个不知名的小镇，有着一个巨大的足球场

我把车停下，来到保护站内，很显然这是一个人气很旺的保护区。我进去之后发现保护站的一位工作人员正在向一对老年夫妇介绍保护站的情况。这对夫妇手上拿着"长枪短炮"和登山杖，一看就是资深的鸟类爱好者。工作人员是一个年轻的女孩，戴着一副黑框眼镜，说着一口非常流利的英语。她示意我稍等一会儿。

我坐在椅子上，一只漂亮的金毛犬跑了过来，和我亲热地打着招呼。

女孩接待完了之前的夫妇，转向我问："有什么可以帮助到你的吗？"

"嗯，我希望能在保护站留宿一夜，因为我们的航班是明早，但是我听说 Maquipucuna 是最好的保护区，所以我也希望能够来体验一下这里的生物多样性。"

"当然可以，需要我为你介绍一下我们保护站的几片区域吗？"女孩说完拿起了一张保护站的地图给我看。

这里是安第斯熊的主要保护区之一，我看到保护站附近分别有十几条通向山里的道路，它们纵横交错。

"有一些路是在次生林里，有一些路是通向原生林深处的。"女孩介绍道，"可惜现在这个季节是安第斯熊繁殖的季节，所以我们不建议你前往这条路，因为它们的栖息地就在这边。"她指着其中的一条道路说道。

"没关系，我最感兴趣的是螳螂，你知道吗？那种绿色的像是叶子一样

↑保护站的工作人员在告诉我整片保护区应该怎么走

228　我在南美找虫子

的。"我表明了我的来意。

"我知道！事实上我见过它们几次，它们也是我最喜欢的螳螂！我还拍了它们的照片，等我找到之后给你看看！"

"那太好了，对了，我叫Jason。"

"我叫Rebecca。"

交谈的过程中，我了解到Rebecca曾经在美国上学，这个保护站是她的父母在她出生之前就承包下的土地，后来改造的，看来这又是一个热爱自然的家族。也难怪她能说一口流利的英文。

保护站的房屋主要是木质结构，一共有三层楼。第一层是厨房与接待室，第二层是餐厅和保护站工作人员的办公区域，第三层是观测鸟类的平台以及一些生物研究工作台。

我把设备和一些随身行李放置在三楼的休息台上，今晚注定是一个不眠夜，所以我并没有要保护站提供宿

↑三楼的观鸟平台还配有几个望远镜，可以很方便地观察保护站前面几棵树上的鸟类

↑菱颈叶螳（*Choeradodis rhombicollis*），由于叶螳雌雄之间相差较大，所以我特别开心的是同时见到雄性与雌性

↑发现叶螳后喜极而泣的我

Day17 重回Mindo花园 | 229

舍房间，当然这也为我们节省下了一大笔费用。

保护站处于安第斯山脉西侧海拔 1200 米左右的山谷中，从地理意义上来说，它和 Mindo 山谷保护区的植物并没有区别，都属于安第斯山脉西侧下来的第一个海拔 1000 米左右的云雾山谷。

放下了行李之后，Rebecca 和我们说她要去开会了，让我们自己自由活动后便离开了。我和小全走到楼下，保护站周围的植被非常茂盛，尽管道路并不方便，但是说实话，这是一个我愿意住很久的地方。虽然考虑到住宿的费用确实比较贵（我悄悄地查了一下，住宿的费用一晚上要一百美金一个人，对我来说未免太奢侈了点）。

我们顺着斜坡向下走，由于对叶螳的执念，我几乎像是念着咒语一般看着周围的灌木指指点点。"这里会有一只叶螳的。"我喃喃自语道。而就在我说到第三遍的时候，我好像看到叶子上真的有一只叶螳。

我不禁捂住了嘴，凑近一看，没错，是一只叶螳。

"真的是叶螳，最后一天了还能找到叶螳！"我激动地大叫起来。

小全并没发出任何声音，我回头一看，原来他把我刚才发现叶螳的瞬间全部记录了下来。

这次南美之行，我们一共找到了 25 只叶螳，但是即使发现了那么多次，每次在野外看到它们，都能让我心跳加速并且顺带着骂好几分钟的脏话。

我蹲在这只小小的叶螳边上哭着："圆满了！圆满了！这次真的圆满了！"

当 Rebecca 开完会回来之后，我兴奋地给她看了我刚才拍到的叶螳。

"真的吗？太棒了！它还在那边吗？"Rebecca 问。

"是啊，它还在下面的树叶上，你想不想去看看？"

"当然！"

她兴奋地和我们一起下楼，见到了那只比我小拇指还小一截的迷你叶螳。

"这是我第一次看到小时候的叶螳，它真的好小。"

也许是我的热情感染了她，Rebecca 也显得非常兴奋。她拿出手机，不停地翻着，试图找到她曾经拍到的照片给我看。

↑ 蜜熊吃香蕉的样子活脱脱像一个躺平的年轻人，慵懒却又充满俏皮的活力

晚餐时间很快就到了，所有住在保护站的各地生物爱好者们都聚集在此。由于暴雨的到来，空气中的雨水声就像慵懒的白噪音一样，反而让整个保护站显得异常宁静。

宁静被一个不速之客打破了，一只蜜熊的出现让整个餐厅一下子活跃了起来。

蜜熊顺着栏杆爬到了餐厅的顶上，瞪着两只大大的眼睛盯着我们看。

"它是这里的常客了。"Rebecca 说，"它几乎每天都会来这里。"说着，她拿来了一根香蕉。

"你想喂它吗？" Rebecca 问我。

"当然！"我接过香蕉，把它掰断了一截，向着蜜熊伸过去。

↑一只漂亮的枯叶螽斯（*Anapolisia sp.*）

↑青牛螽斯（*Copiphora gracilis*）

Day17 重回 Mindo 花园　231

↑ 菱颈叶螳（*Choeradodis rhombicollis*）　　　　↑ 菱颈叶螳（*Choeradodis rhombicollis*）

↑ 枯叶螽斯（*Typophyllum sp.*）　　　　↑ 涡虫（*Platydemus manokwari*）

↑ 蜘蛛（*Cupiennius coccineus*） 　　　　↑ 猎蝽（*Arilus carinatus*）

↑ 鬃狮象甲（*Rhinostomus barbirostris*）

蜜熊看上去非常胆小，它小心翼翼地靠近我，用鼻子闻了闻香蕉，随后抬起它的前爪，把香蕉拿了过去，又爬回到栏杆上，躺着吃了起来。

因为海拔的原因，Maquipucuna 的夜晚也和 Mindo 一样变得无比寒冷。再加上，与山谷中盛行下沉气流不同，Maquipucuna 的气温要比 Mindo 更低。即使是在山谷中不停歇地徒步，我依旧感觉有一股寒气笼罩着我。在如此巨大的温差之下，很难想象这些昆虫是如何度过这寒冷的夜晚的。

吃完了晚餐后，我看着暴雨打着屋檐，决定先去山里转悠一圈。说走就走，我拿上了相机，并没有喊上小全，顶着大雨进入了夜色之中。

第一条山道并不长，大约只有两公里的路程，我花了大约一小时从山上下来。保护站的大多数人因为没有夜探的活动所以都早早睡去。

"Jason，是你吗？"前面传来了小全的声音。

"小全？"

"我也找到了一只叶螳！"小全从前方的一片灌木丛后钻了出来。

"哦？哪里？"

"就在前面的灌木上，你瞧！"说完他指着一片芭蕉叶给我看。

"厉害啊！看来你也成为寻找叶螳的高手了！"果然，在他指的叶子上有一只并不是很容易被发现的叶螳。

"那必须的，跟着你久了，我也有技术了！"小全得意地说。

流水声依旧充斥着 Maquipucuna 的夜空，雨已经停了，取而代之的是空气中因为饱和的湿度所带来的浓厚雾气。天空中已经没有了乌云，一轮明月挂在空中。

明天就是中秋节了。皎洁的月光洒在整座山谷中，我关上头

↑我拼好小鸟模型送给 Rebecca

Day17 重回 Mindo 花园 | 233

灯的电源，坐在一棵倒下的大树上。我透过月光能够清晰地看到整片山谷都被月光所照亮，在那沟壑纵横的悬崖峭壁上，一定有更多关于大自然的秘密等待着我去发现。我不禁感叹人生的短暂，无法囊括大千世界的精彩。但是转念一想，正是因为世界的精彩无穷无尽，才能让我如此痴迷于探寻它们。

天空已破晓，在南美洲丛林的最后一个清晨到来了。我坐在保护站二楼的餐厅门口，拼好最后一个模型。

Rebecca来了，她看到了我做的小鸟，惊呼："Jason，这看上去太棒了！"

"非常感谢，事实上，我要把它送给你们。感谢你们为大自然做的一切，你有很棒的父母，以及你对自然的热爱，我不多说什么了，非常感谢！"

"我也非常感谢你，你知道我希望世界上像我们这样的人能多一点，这样自然会更美好，不是吗？"

"我觉得，Maquipucuna我一定会再来的。"我和小全说。

南美洲探险，对我来说已经不单单是探险本身，这就如同在外的孩童每天都想要回家一样，南美洲在某一种程度上也算是我的家。

↑ 亚马孙雨林和我的羁绊是如此紧密，它无数次在我梦中浮现，又数次让我在现实中奔赴

我在南美找虫子